JN088058

コピペで簡単実行！

キテレツおもしろ自然言語処理

PythonとColaboratoryで身につく基礎の基礎

youwht 著

SHOEISHA

本書内容に関するお問い合わせについて

このたびは翔泳社の書籍をお買い上げいただき、誠にありがとうございます。弊社では、読者の皆様からのお問い合わせに適切に対応させていただくため、以下のガイドラインへのご協力をお願い致しております。下記項目をお読みいただき、手順に従ってお問い合わせください。

●ご質問される前に

弊社Webサイトの「正誤表」をご参照ください。これまでに判明した正誤や追加情報を掲載しています。

> 正誤表　　　　https://www.shoeisha.co.jp/book/errata/

●ご質問方法

弊社Webサイトの「刊行物Q&A」をご利用ください。

> 刊行物Q&A　　　https://www.shoeisha.co.jp/book/qa/

インターネットをご利用でない場合は、FAXまたは郵便にて、下記"翔泳社 愛読者サービスセンター"までお問い合わせください。
電話でのご質問は、お受けしておりません。

●回答について

回答は、ご質問いただいた手段によってご返事申し上げます。ご質問の内容によっては、回答に数日ないしはそれ以上の期間を要する場合があります。

●ご質問に際してのご注意

本書の対象を越えるもの、記述個所を特定されないもの、また読者固有の環境に起因するご質問等にはお答えできませんので、予めご了承ください。

●郵便物送付先およびFAX番号

送付先住所　　〒160-0006　東京都新宿区舟町5
FAX番号　　　03-5362-3818
宛先　　　　　（株）翔泳社 愛読者サービスセンター

はじめに

技術書って難しくてツマラナイ？

　本書を手に取った賢明なる読者諸氏は、多少とも「プログラム」と呼ばれるものを書こうとしているのだと思います。

　プログラマーには**三大美徳**と呼ばれるものがあるそうでして、いわく「怠惰」「短期」「傲慢」の３つとのことでございます。

「**怠惰**」とは手間や労力を惜しむことです。
「**短気**」とは依頼やニーズに即対応することや速いプログラムを書くことです。
「**傲慢**」とは自分の仕事に高い誇りと責任を持つことです。

　さて、この素晴らしい三大美徳を持った読者諸氏にとって、界隈でよくある技術書は「本棚に飾っておくオブジェ」「程よい硬さの枕のかわり」「積み上げた高さを競うジェンガ」になりがちではないかと愚考いたします。

コードを実行するための環境構築だけで何ページもかかるような技術書や、実行までの手順が長い技術書も数多くございます。長い手順をステップ・バイ・ステップで丁寧に説明してあるのは、執筆者がページ数によって原稿料をもらえるからです。丁寧な技術書だとだまされてはいけません。**執筆者は、最短で実行できる超簡単な方法、を調べて示すべき**なのです。手順が長いと、「怠惰」な読者諸氏にとっては、実行までの道のりは困難を極めるでしょう。

　教科書のような堅苦しい言葉や、難解な説明の羅列が多い技術書も数多くございます。エビデンスがないとイシューのコンセンサスをオーサライズしていただけないかもしれませんが、難しい言葉を使っているというリテラシーがコアコンピタンスだと思って、ステークホルダーへのポジショニングをなさっている執筆者もいらっしゃるのかもしれません。このようにムズカシイ言葉が多いとわかりにくくてツマラナイため、「短気」な読者諸氏は、すぐに飽きて本を置いてしまうでしょう。

　「いかにも入門書でやりそうなことだけ」「チュートリアルをなぞった感じ」をやっている技術書も数多くございます。頑張って読み進めて作ってみても、ご友人に見せたくなるような素敵な結果にはなりません。そもそも作ろうとする時点でテーマが面白くないため、作ってみる気にもならないかもしれません。「傲慢」な読者諸氏にとっては、自身が誇りを持てないツマラナイ内容のプログラムを書くのは我慢ならないでしょう。

　そう、よくある技術書が本棚の肥やしとなってしまうのは、三大美徳に優れた聡明なるあなたのせいではないのです！　**ツマラナイ技術書のほうが悪いのです！！**（傲慢）

本書の特徴

「怠惰」なあなたへ。

　本書のコードや手順は全て、**「実行ボタンだけ」で動かせるようにご用意させていただきました**。環境構築も不要で、WindowsやMac等のOSを問わずブラウザを立ち上げるだけで、すぐに開発を始めていただけます。極論マウス操作のみで、データの準備作業＋全コードの実行の全てを、世界で最もよく使われている標準的な実行方法で、超簡単に行うことが可能です。しかも章ごとに独立しているため、どの章から始めても構いません。

　「怠惰」なあなたにも手間なく実行していただくことができると確信しております。

「短気」なあなたへ。

　本書の説明は全て、**とにかく容易に動かせること**、のために存在しております。難しい専門

用語や数式は出てきませんし、出てきたとしても覚える必要はございません。理論の説明は最小限として、作りながら触りながら、このように動くのね、とご納得いただける形式で用意させていただきました。

「短気」なあなたにも小難しい話に退屈や怒りを覚えるヒマもなく、とにかく動かしていただけると確信しております（たぶん）。

「傲慢」なあなたへ。

本書の開発テーマは「無駄なものを作ること」でございます。無駄とは人類に許された崇高なる遊びでありまして、およそ人類が楽しむ遊びは他の生物から見たら無駄な行動なのです。ゲーム、スポーツ、美術、音楽、旅行、美食、など枚挙にいとまがございません。

「傲慢」なあなたにも崇高な誇りをもって取り組んでいただけるテーマであると確信しております（かなり、たぶん）。

まとめると

趣味的にプログラムを楽しみたいという優雅なあなた、真面目に知識を得たいんだけど「勉強」は嫌という理想の高いあなた、のために本書をご用意させていただきました。

これまでの技術書の多くは「電球のスイッチを入れると明るくなる」ことを学ぶために「原子の中にはマイナス電荷を持つ電子がまわっていて……」から入る傾向にありました。本書は「スイッチの入れ方」だけを知り、「暗いところで顔の下から懐中電灯をつけるとオバケみたいで驚かせることができる」が自分で簡単に実践できるようになる書物、です。

奇天烈なテーマを、超簡単に動かして遊べることに振り切りまして、いわゆる教科書とは真逆の存在になっております。

「怠惰」「短気」「傲慢」の美徳を持つあなたにこそ、本書を通して遊びながら自然言語処理に触れてみていただきたいのです。

最後にその他の細かな特徴として以下2点を追記いたします。

①読むだけでも楽しめるような技術書

実行はコピペでできてしまい、その結果もある程度併記しておきますので、（実行しながら読み進めるのが一番ではありますが）小説のようにただ読むだけでも面白い＆学びがあることを

目指しております。

②全て「日本語」に対応した自然言語処理プログラム

　作例は全て「日本語」ベースでご提示いたします。他の「自然言語処理の技術書」では、英語の例も多用されています。英語では結果が理解しにくいだけでなく、プログラム上では英語は日本語より簡単に扱えるものですので、いざ日本語に応用しようとすると工夫が必要な場合も多く、自身で何か作りたいという際に転用のハードルが生じるのです。

自然言語処理とは

　本書を手に取った読者の方は既にご存じかもしれませんが、自然言語処理について改めて概要を述べたいと思います。

　「自然言語」とは、日本語、英語、中国語など、我々が普段話している言葉のことです。従来、コンピュータは「プログラム言語」しか理解することができませんでした。この2つの最大の違いは、解釈の幅があり曖昧かどうかです。

　例えば、次の文は中村明裕氏の解釈によると、右の図のように5通り以上もの捉え方ができます（出典元の画像で赤く色のついた部分が、紙面では青色で印刷されています）。

> 頭が赤い魚を食べる猫

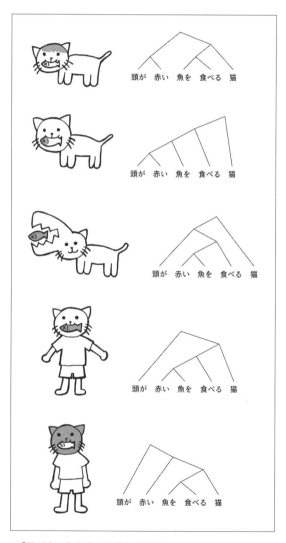

● 「頭が赤い魚を食べる猫」の解釈
　出典：中村明裕 Twitter（https://twitter.com/
　nakamurakihiro/status/1230798247989366784）

「自然言語」は本質的に曖昧な表現方法で、我々は多くの「暗黙知」によってこれを理解しています。「月が綺麗ですね」は「愛してます」という意味だし、「行けたら行く」は「行かない」という意味なのです。コンピュータがこのような自然言語を解釈できるようになると、より人間に近い仕事が行えるようになるでしょう。

- 自動翻訳
- チャットボット、自動応答
- スマートスピーカーなどの音声での命令受付
- 探したい意図に沿うようなデータ検索
- レビューコメントのポジティブ or ネガティブの自動分析

などなど、言わば自然言語処理とは、**コンピュータを人間に近づけること**、つまり青いタヌキ型ロボットを作る第一歩といっても過言ではないでしょう！　昨今急速に発展し、実用化されてきている分野なのです。

従来は自然言語処理には深い専門知識が必要でした。環境構築も大変でしたし、辞書データも用意しなければなりません。しかし技術の発展に伴い、昨今では無料＆超簡単に自然言語処理が作れてしまうようになりました。

本書では、**超簡単に驚きの成果が得られる部分だけを厳選**して、それを活用した**奇天烈で面白い実装アイデア**を作っていきたいと思います。

本書の効果的な使い方

本書のオススメの使い方は、パソコンの前でコードを順番に実行しながら読み進めることです。全てのコードはブラウザだけで、そのまま実行できるようになっています。コードの書き写しはおろか、コピペの手間すら不要な、すぐに実行できるファイルを以下のURLに用意してあります。

すぐ実行できるファイルへのリンク集
https://www.shoeisha.co.jp/book/download/9784798170268/

各章のファイルにアクセスして、実行ボタン（ショートカットキーを使う場合は［Shift］＋［Enter］）を連射する、が最も簡単な実行方法となります。もちろん上記ファイルからコード

を1つ1つ確認しながらコピペして実行していくのも良い方法でしょう。

　本書自体に全コード＆実行結果もおよそ併記していますので、都度実行せずに本書を読むだけでも、かなり理解が進むと思います。「オレの脳内のコンピュータで処理している」といったイメージでカッコよく読めるかもしれないです。

　Pythonのコードを読む際には、その内容を1行1行理解しながら読む必要はありません。より詳細な処理内容や中身を知りたい場合だけ、1行ずつのコードやそのコメントを読んでみてください。とにかくまず実行してみて、「こいつ……動くぞ！」などと呟いてみるほうがオススメです。ニュータイプになった気分になれます。

　蛇口をひねると水が出てくることを知っていれば、手を洗うことができます。その水を届けるために沢山の人の手間や知恵が重なっていることを知らなくても、水を飲むことができます。まず水に触って、飲んでみて、こんなことができるんだね、と体験してから、興味が湧けばその仕組みを知るほうが人の学習プロセスとして自然です。

　興味が湧かなかったり、ちょっと難しそうな章やコードブロックは、読むのを飛ばして次に進んでください。どんどん飛ばしてください。各章の作成するゴールはそれぞれ独立しており、各コードブロックはゴール達成の手段／ステップごとに独立しています。前の内容を理解していなくても、概要がわかっていれば次に進んで構わない構成になっています。または、コメント行だけ眺める、でも十分です。

　映画に出てくるスーパーハッカーは、黒と緑の画面を見つめながら「よーしいい子だ」「ビンゴ！」とかやってますがあれはフィクションです。実際のプログラマーの多くは、Google検索や過去に書いたコードからサンプルをコピペしてちょっと書き換える、という作業をしています。前に見たことがあるコードについて、自分で似たような処理を作りたくなったときに「そういえばこんな処理を前に見たことがあるぞ……」と検索したりコピペしたりで作っています。

　「前に見たことがあるコード」を増やして、「こんな処理はこう作るんだね」と、何となく知っておくだけでも大いに役立つのです。1行ずつ詳細を理解する必要はなく、必要になった際に戻ってきたり、検索したりができれば十分ということですね！

　総じて、雑に斜めに読み進めていけば大丈夫です。全てを頭から1行ずつ理解しようとせずに、詳細を見るのは気になったコードだけ、にしてみてください。もしどうしても雑に読むのは筆者に申し訳ないという奇特な方がいらっしゃれば、丁寧に読む用として本書をもう1冊購

入しておくのはいかがでしょうか？

　くどいようで恐縮ですが「教科書」や「入門書」のような本とは違いますので、くれぐれも頭から1行ずつ順番に理解していく、みたいな読み進め方は避けてください。

- レベル1＝日本語本文を読むのみ
- レベル2＝コードも眺めて、実行だけしてみる
- レベル3＝コードを理解しながら読む
- レベル4＝自身でコードを書き換えて別パターンも試す

　レベル4で既に「本職プログラマーレベル」です。最初からレベル3から入ろうとせずに、レベル1〜2あたりを意識して雑に進めてくださいませ！　なんなら章単位でスキップしても構いません。あと、ギャグ的に滑っている箇所や元ネタがわからない箇所についても、見なかったことにしてどんどん飛ばして先に進みましょう！

1行で愛を作る

ハロー！　ゲンシジン！

もしAIが三国志を読んだら。孔明や関羽のライバルは誰なのか？

「赤の他人」の対義語は「白い恋人」、をAIで自動生成する

第 1 章

1行で愛を作る

環境構築の手間がゼロ：Colaboratory

ダイエット（禁酒/禁煙）なんて簡単なことさ。
もう何十回もやっているよ。

　プログラミングをやろうと思ったことは何回目くらいでしょうか？　およそ一番面倒で、既にそれをやるだけで飽きてしまうことが「環境構築」です。

　本書では**環境構築の手間がゼロ**になる、**Colaboratory**（コラボラトリー）を標準として使用します。Webブラウザを開けば既に開発環境が出来上がっていて、すぐにコードを書くことができます。どこかの空中海賊に「40秒で支度しな！」と言われても余裕で間に合います。

Colaboratoryとは、プログラムの実行＆結果確認＆メモや解説などの記述をブラウザ上で行える、**Jupyter Notebook**というツールのクラウド版です。Googleが無料で提供しているウェブサービスです。自然言語処理、データ分析、機械学習の現場や研究、教育などで広く使われているものです。

MEMO

もちろん多少慣れている方や、宗教上の理由でクラウドサービスは困るという方は、Anacondaなどの自前の環境を使っても問題ありません。Jupyter Notebookの環境構築方法は検索すればすぐに出てきます。

Googleのアカウントだけ必要になりますので、お持ちでない場合は以下から作成してください。

● Googleアカウントの作成

https://accounts.google.com/signup

また、使用するWebブラウザとしては、ChromeかFirefoxがオススメです。

Colaboratoryの始め方

Chromeなどのwebブラウザを立ち上げたら、とりあえず「Colaboratory」と検索してみてください。または以下のURLリンクからでもアクセスできます。

https://colab.research.google.com/notebooks/welcome.ipynb?hl=ja

「Colaboratoryへようこそ」というタイトルのページ（Jupyter Notebookのノートブックファイル）が表示されます。

● Colaboratory へようこそ

「ファイル」⇒「ノートブックを新規作成」を選択し、あなただけのプロジェクトを開始しましょう！

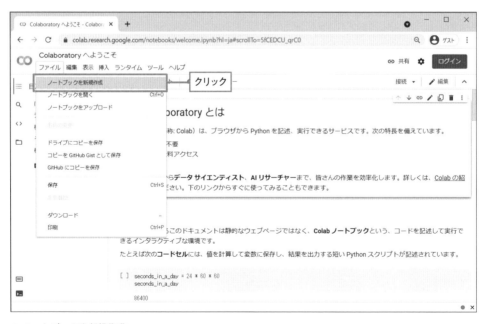

● ノートブックを新規作成

Googleのアカウントにログインしていない場合は、以下のような画面が表示されますので、ログインしてください。

● Google へのログインが必要

ログインすると、このようなページが表示されます。

● 新規に作成されたノートブック

最初のプログラムでは、「こんにちは世界」を出力してみることがこの界隈の「様式美」です。「出力したから何なんだよ！？」という意味では、まさに本書のテーマでもある「無駄」なプログラムの代表格と言えるでしょう。あまり面白くはないのですが、最初ですしちょっと我慢していただき、さっそく以下のようにプログラムを書いてみてください。

はじめましてのコード

```
print("こんにちは世界")
```

● 最初の無駄コード

　うまく書くことができましたか？　素晴らしいです。[Shift] + [Enter] を押すとこの難解なプログラムを実行することができます。

出力結果

こんにちは世界

● 出力結果

ここまで実行できた聡明なるあなたには、本書に記載されている全てのプログラムを実行できることは間違いありません。なぜなら、本書に記載の全てのプログラムは、**コードをコピペして［Shift］＋［Enter］以上に難しい操作や処理は出てこないのです！！**（ほとんど）

☆無料開発環境を手に入れた！☆
☆勇者はレベルが上がった！！☆

　おっと、あなたの脳内にレベルアップの音が鳴り響いたようです。

　Colaboratory の使い方がわかったところで改めてご案内です。本書の掲載コードは全て「あらかじめ Colaboratory に記入済みのファイル」としてご用意しております。「はじめに」に記載の「すぐ実行できるファイルへのリンク集」から辿っていただくと、書き写しやコピペの手間を省略可能ですのでご活用ください。

Python の基本練習

オレの嫌いな言葉は一番が「努力」で
二番目が「ガンバル」なんだぜーッ

という某少年漫画の第2部の主人公のような方にもちょっとだけ我慢していただき、3点だけ Python の基本練習をしてみましょう。

　まずは四則演算とその結果の出力を行います。次のコードをコピペして、［Shift］＋［Enter］を押してみてください。

①四則演算

四則演算

```
# a と b を自由に書き換えて何度か実行してみよう！
a = 10
b = 3
print("和= "+str(a+b))
print("積= "+str(a*b))

print("商= "+str(a/b))
print("商（整数）= "+str(a//b))
print("余り= "+str(a%b))
```

出力結果

```
和= 13
積= 30
商= 3.3333333333333335
商（整数）= 3
余り= 1
```

　ここで、aとbに入れる数を変えて再度実行してみましょう。コードをちょっと書き換えて再度実行するようなときに、Colaboratory（Jupyter Notebook）は作業がしやすくて便利なことがご実感いただけるかと思います。

②繰り返しと条件分岐

繰り返しと条件分岐

```
# 繰り返しと条件分岐
# xが0〜11まで変化しながら繰り返し
for x in range(0,12):
  if x % 3 == 0:
    print(x)
```

出力結果

```
0
3
6
9
```

　3の倍数のときだけアホと出力するプログラム、も簡単に作れそうです。Pythonでは、ループ文やif文の範囲はインデント（行の頭がどこから始まるか？）によって決まります。forやifの下では、半角スペースを2つ置いてから書き始めていることに注意をしておきましょう。

MEMO

インデントの書き方として「半角スペース2つ」以外に「半角スペース4つ」や「タブ」などを利用するお作法もあります。本書ではColaboratoryのデフォルトの書き方に従って「半角スペース2つ」を基本としています。

③関数を使う

問題：
しかく（□）に入る数字は何？
0, 1, 1, 2, 3, 5, 8, 13, 21, 34, 55, □, 144.....

答え：
89

　これは「フィボナッチ数列」と呼ばれています。最初が0、次が1で、そのあとは前の2つの数字を足した数字、になっています。漸化式とかそんな名前を昔聞いたことがあるなぁ、そういえばあのときの隣の席の君は……なんて郷愁に浸る必要もありませんし、「フィボナッチ」も「漸化式」も頭の片隅にすら置く必要もありません。

　最初が0、次が1、それ以外の場合は前の2つを足した数字、という法則をそのままコーディングしてみましょう。

フィボナッチ数列の出力

```
# 「関数」を使ってフィボナッチ数列を出力してみよう！
def fib(k):
  if k == 0:
    return 0
  elif k == 1:
    return 1
  else:
    return fib(k-1) + fib(k-2)

for t in range(0,13):
  print(fib(t))
```

出力結果

```
0
1
1
2
3
5
8
13
21
34
55
89
144
```

何度も使う処理は「def」の中に入れておくと「関数」として呼び出すことができ、便利です。

（ 1行で愛を作るプログラム ）

　最後に、調子に乗って1つ応用例を示しておきたいと思います。Colaboratoryを使えば愛だって1行で作れてしまうのです。

愛を出力するコード（1行に入力して実行）

```
print('\n'.join([''.join([('Love'[(x-y) % len('Love')] if
((x*0.05)**2+(y*0.1)**2-1)**3-(x*0.05)**2*(y*0.1)**3 <= 0else' ') for x in
range(-30, 30)]) for y in  range(15, -15, -1)]))
```

出力結果

```
        veLoveLov           veLoveLov
      eLoveLoveLoveLove    eLoveLoveLoveLove
     veLoveLoveLoveLoveLoveLoveLoveLoveLov
    veLoveLoveLoveLoveLoveLoveLoveLoveLoveL
   veLoveLoveLoveLoveLoveLoveLoveLoveLoveLov
   eLoveLoveLoveLoveLoveLoveLoveLoveLoveLove
   LoveLoveLoveLoveLoveLoveLoveLoveLoveLoveL
   oveLoveLoveLoveLoveLoveLoveLoveLoveLoveLo
   veLoveLoveLoveLoveLoveLoveLoveLoveLoveLov
   eLoveLoveLoveLoveLoveLoveLoveLoveLoveLove
    oveLoveLoveLoveLoveLoveLoveLoveLoveLove
     eLoveLoveLoveLoveLoveLoveLoveLoveLove
     LoveLoveLoveLoveLoveLoveLoveLoveLoveL
      eLoveLoveLoveLoveLoveLoveLoveLove
       oveLoveLoveLoveLoveLoveLoveLove
        eLoveLoveLoveLoveLoveLoveLove
        veLoveLoveLoveLoveLoveLoveLov
         oveLoveLoveLoveLoveLoveLo
          LoveLoveLoveLoveLoveL
           LoveLoveLoveLov
            LoveLoveL
             Lov
              v
```

なんて素敵なコードでしょうか！？

　ぜひ学校や職場などで気になるあの人にこのコードを送ってみてください。きっとなま温か
い優しい目で見られることでしょう！　そして送ったコードを解読してもらうために、本書を
もう1冊購入してプレゼントしてあげましょう！！

(Colaboratoryの特性／注意事項)

　Colaboratoryの特性や少し便利な使い方について、一番基本的なところを記載します。Colaboratoryの基本について既にご存じの方は、この節は読み飛ばしてください。

①ノートは残るがメモリは消える

　Colaboratoryで作ったコード（ノートブック）はあなたのGoogleアカウントに紐づくGoogleDriveに保存されます。次に実行するときは、「ファイル」⇒「ノートブックを開く」から前回使ったノートブックを開くことができます。適切なファイル名に変えて保存しておくとよいでしょう。あえて「共有」などのボタンを押さない限りは、他の人に見られる心配もありません。

　「すぐ実行できるファイルへのリンク集」から辿って開いていただいたファイルは、筆者のGoogleDriveに保存されているファイルを「共有」している状態ですので、実行した結果やご自身で追記したメモなどを保存しておきたい場合は、「ファイル」⇒「ドライブにコピーを保存」でご自身のGoogleDriveにコピーして保存することになります。「保存」ボタンや「Ctrl＋s」などで普通に保存しようとすると、「ドライブにコピーを保存」してくださいという旨のメッセージが出るので、そう迷わないでしょう。

　コードを実行する際は、Googleのクラウド上のマシンで実行されています。注意点としては、その実行しているマシン（＝ランタイムと呼ばれます）は最大で12時間、または放置していれば90分、で消えてしまうことです。

　例えば前述の`def fib(k):`の関数定義は、ランタイムが消えていなければメモリ上に残っています。別のセルで実行する際に関数定義を再度書かなくても、`fib(5)`などと書くだけで直接この関数を呼び出すことができます。もっと長いフィボナッチ数列を出したいときは次のように、関数を呼び出している部分だけ、数字を書き換えて再実行すればよいのです。

100回実行するように変更した例※

```
for t in range(0,100):
  print(fib(t))
```

　しかし、もし時間が経ってランタイムが消えてしまった場合は、メモリもリセットされますので、関数を定義している **def** が書かれたセルを再度実行する必要があります。このように通常は再実行すればよいだけですので、処理時間が短いうちはあまり心配しなくても大丈夫です。

※注：2023年2月時点では、Colaboratoryがアップデートされた影響で、100回の実行にはかなりの時間がかかります。回数を30回程度に変更して、実行することをおすすめします。

②消したくないファイルはドライブへ保存

　では、長時間実行したコードの実行結果をファイルとして出力し保存しておきたい、次回の実行時にそのファイルを読み込んで使いたい、などの場合にはどうすればよいのでしょうか？

　GoogleDriveを保存先として扱う（マウントする）ことができるので、そこに保存するのがよいでしょう。以下のコマンドを実行してください。

GoogleDriveのマウントコマンド

```
from google.colab import drive
drive.mount('/content/drive')
```

　Go to this URL in a browserのメッセージとURLが表示されるので、そのURLでGoogleのアカウントにログインします。認証用のワンタイム・コードが表示されますので、それをEnter your authorization codeの枠にコピペしてください。Mounted at /content/driveというメッセージが表示されれば成功です※。

※注：2023年2月時点では、Colaboratoryのアップデートによって、操作の手順が一部変更になっています。コマンドを実行するとポップアップが表示されるので、ウィンドウの指示にしたがってGoogleDriveへの接続を許可してください。「Mounted at /content/drive」というメッセージが表示されれば成功です。

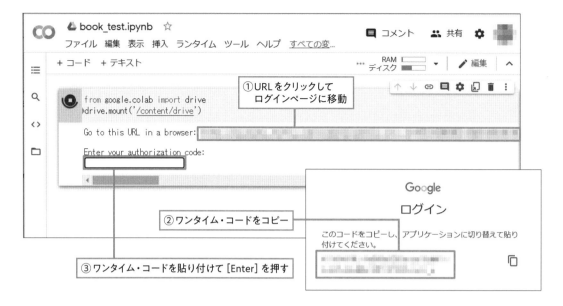

● ワンタイム・コードの入力

● マウントが成功

マウント結果の確認

　左側の「フォルダ」のアイコンをクリックして、「drive」フォルダが表示されていることを確認します。

● GoogleDrive のマウント

　「drive」の左側の三角形をクリックすると「MyDrive」フォルダが表示されます。そこにあなたのアカウントの GoogleDrive の内容が表示されていると思います。

　最初に実行したマウントコマンドは覚える必要はありません。よく使われるため、このアイコンをクリックすることでも GoogleDrive のマウントができます。

●「ドライブをマウント」アイコン

さっそく GoogleDrive に何か保存してみましょう。以下のコマンドを実行してください。`sample.txt` ファイルが作成されて、「MyDrive」フォルダの下に保存されます。

GoogleDrive にテキストを保存するコード

```
output_str = "サンプルテキスト\nファイル保存サンプルです。"
with open("/content/drive/MyDrive/sample.txt", mode="w") as f:
    f.write(output_str)
```

このようにして作成したファイルは、12時間経ってもずっと GoogleDrive に残ります。再度マウントコマンドを実行すればまた見つけることができるでしょう。

③ Linux コマンドも利用可能

Colaboratory はただの Python の実行環境というわけではありません。裏で動いているランタイム（クラウド上で実行されている Linux）に対するコマンドも実行することができます。コマンドとは「命令」のことです。キーボード入力でコンピュータに対する操作を指示する、と考えればよいでしょう。例を見たほうがわかりやすいかもしれません。

以下にいくつか具体的なコマンドの例を挙げておきます（覚える必要はありません）。Linux コマンドの冒頭に「!」をつけて記載し、実行時には同様に ［Shift］ + ［Enter］ を押してください。

- 現在のカレントディレクトリのパスを表示：`!pwd`
- カレントディレクトリ内のファイルを表示：`!ls -l`
- 日付情報を表示：`!date`
- Python のバージョンを表示：`!python -V`
- Python の janome モジュールインストール：`!pip install janome`
- Python の requests モジュールのバージョンを表示：`!pip show requests`

オマケ：その他コード集

いくつかサンプルコードを載せておきます。Pythonのコードの雰囲気をつかむために、実行して結果を確認してみてください。

掛け算九九表

```python
# 掛け算九九表
for x in range(0,9):
  for y in range(0,9):
    print('{0}'.format('%2d ' % ((x+1) * (y+1))), end="")
  print('')
```

正規表現による文字列の置換

```python
# 正規表現による文字列の置換
import re
input_str= 'pen pineapple apple pen'
result_str = re.sub(r'p[a-z]n+', 'PPAP', input_str)
# pen, とpin がPPAP に置換される
print(result_str )
```

現在時刻をN回表示する簡易時計

```python
# 時間関連のモジュールを使う準備
import datetime, time

# 現在時刻をN回表示するコード例。「def」で関数定義する
def do_main_function(kurikaesi_kaisuu):
  for count in range(0, kurikaesi_kaisuu):
    print_current_time()
    time.sleep(1)
```

```
# 現在時刻をprintする（日本時間ではなくUTC＝協定世界時）
def print_current_time():
  print( datetime.datetime.now().strftime('%Y/%m/%d %H:%M:%S') )

# 関数定義（def）は定義のみ。以下で実行する
do_main_function(5)
```

1行のコードで素数を数えて落ち着く

```
print(' '.join([str(item) for item in  filter(lambda x: all(map(lambda p: x ➡
% p!= 0, range(2, x))), range(2, 101))]))
```

## 第 2 章

ハロー！　ゲンシジン！

この章からいよいよ「自然言語処理」に入ります。

最初に作ってみるのは自然言語処理の最も原始的な遊び、

ニホンゴ ゲンシゴ スルツール ツクル！

原始時代の人々がどんな言葉を話していたのかはよく存じ上げませんが、漫画などでよくある表現として、

原始人「オレ ニク タベル ウマイ！」

みたいに、原始人は独特の言葉を話すようです。この原始人を現代に降臨させ、あらゆる言葉をゲンシゴに変えてしまうという、翻訳ツールを作ってみます。

　普段からこのツールを使って会話をすれば、自動的に皆があなたとのソーシャルディスタンスを保ってくれるという、まさにwithコロナの時代にふさわしいツールとなる予感がいたします！！

1分でわかるゲンシゴ講座

> 問題：「肉を食べよう！」をゲンシゴに翻訳してみましょう。
>
> 答え：「ニクタベヨウ！」

ゲンシゴなんて簡単簡単、と思ったあなた、実はこれは2つの難しいことを行っているのです。

①全てをカタカナに変えている

> 「肉」⇒「ニク」や「食べよう」⇒「タベヨウ」

　小学校を容易に卒業できるレベルの高度な知識を持つあなたにとっては「食べよう」を「タベヨウ」と読むことは簡単かもしれません。しかしこれをコンピュータにやらせるにはどうしたらよいのでしょうか？　もしかしたら「食」を「ショク」と読んでしまうかもしれません。

②「助詞」を取り除いている

> 「を」が消えている。

　ゲンシゴの文法として「助詞」は当時はまだ発明されていなかったようです。あれ、コンピュータが「助詞」の判定なんてできるのでしょうか？

MEMO

より正確なゲンシゴの運用としては「助詞」の中でも「接続助詞」は消さないほうがよいです。本章の説明上では「助詞」は全て消すことにします。後述のコードをちょっと変更することで「接続助詞」だけ残すことも可能ですので、余力のある方はコードの変更にトライしてみてください。

コンピュータで日本語を処理する方法

　このように、人間にとっては簡単な「自然言語処理」であっても、コンピュータに行わせることは一見難しく思えるでしょう。特に日本語を処理することは難しそうです。

　英語であれば「This is a pen」のように、日常的に非常によく使われる例文を考えてみても、最初から単語ごとに区切られています。辞書さえあれば何とかなりそうな気がしてくるでしょう。しかし、日本語では単語同士の切れ目がないばかりか、漢字の読み方にも複数のパターンがあります。

　そこで登場するのが「**形態素解析ツール**」です。ヒトコトで申し上げると、日本語を単語の意味ごとに区切って、各意味ごとに読み方や品詞情報を付与するツールです。フタコトで申し上げると、日本語／を／単語／の／意味／ごと／に／区切っ／て／、／各／意味／ごと／に／読み方（名詞,ヨミカタ）／や／品詞／情報（名詞,ジョウホウ）／を／付与／する（動詞,スル）／ツール／です（助動詞,デス）。これを使えば一瞬で先ほどの2つの難題を解決することができます。日本語の自然言語処理はまず形態素解析から始まるのです！

　以前は形態素解析ツールを使うにはかなり専門的な準備が必要で、導入手順も長い場合がありました。しかし、原始時代から大いなる進化を遂げた現代においては、この形態素解析ツールが超簡単＆数行のコードで使えてしまいます。さっそくColaboratory上でコードを動かしてみましょう。

オレ 形態素解析 スル！

　形態素解析ツールにはいろいろなツールがありますが、本章では気軽に扱いやすい「Janome<ruby>ジャノメ</ruby>」というツールを使うことにします。

　インストールは次のコードをColaboratory上に貼り付けて、実行（［Shift］＋［Enter］）するだけです。

Janomeのインストール

```
!pip install janome
```

MEMO

Colaboratory上ではLinuxコマンドを実行する場合は冒頭に「!」をつけて実行します。

　ライブラリのバージョンアップなどに伴い、同じコードが動かなくなる可能性がわずかにあ
ります。もし後続のコードで、バージョン違いなどに起因するエラーが生じた場合のため、筆
者が確認をした際のバージョンを使用する方法を記載しておきます。このように、バージョン
を指定してインストールすることで、バージョンに起因するエラーを防止することができま
す。

```
!pip install janome==0.4.1
```

　インストールができたらさっそく使ってみましょう。以下のコードをColaboratory上に貼り
付けて実行（[Shift] + [Enter]）してみてください。

原始的な形態素解析の第一歩

```python
# Janomeのロード
from janome.tokenizer import Tokenizer

# Tokenizerインスタンスの生成
tokenizer = Tokenizer()

# 形態素解析の実施
tokens = tokenizer.tokenize("肉を食べよう！")

# 解析結果の出力：複数の結果が入っておりループ処理で順番に出す
for token in tokens:
    print(token) # 各単語の全情報
```

肉	名詞,一般,*,*,*,*,肉,ニク,ニク
を	助詞,格助詞,一般,*,*,*,を,ヲ,ヲ
食べよ	動詞,自立,*,*,一段,未然ウ接続,食べる,タベヨ,タベヨ
う	助動詞,*,*,*,不変化型,基本形,う,ウ,ウ
！	記号,一般,*,*,*,*,！,！,！

何と、たったの数行でコンピュータが小学校を卒業してしまったようです！ 漢字の読み方や、品詞情報も出力されていることがわかります。

オレ Janome ツカウ！

さっそくこのJanomeを使ってあらゆる言葉をゲンシゴにしちゃおうぜの前に、Janomeの使い方の詳細を確認しておきましょう。

上記のコード上では「tokens」という変数にJanomeによる形態素解析結果が入っています。この中から「ヨミガナ」や「品詞」などの情報の取り出し方を確認することにしましょう。以下のコードを実行してみてください。

Janome の使い方確認

```
# Janomeのロード
from janome.tokenizer import Tokenizer

# Tokenizerインスタンスの生成
tokenizer = Tokenizer()

# 形態素解析の実施
tokens = tokenizer.tokenize("肉を食べよう！")

# 解析結果の出力
for token in tokens:
  print(token) # 各単語の全情報
  # print(token.surface) #元の単語そのまま ⇒ 出力を省略
  print(token.reading) # ヨミガナ
```

```
print(token.base_form)  # （動詞などの）原形
print(token.part_of_speech)  # 品詞情報
print(token.part_of_speech.split(','))   # 品詞情報をカンマで区切り、リスト形式に加工
print(token.part_of_speech.split(',')[0])  # ［0］でリストの先頭の要素を参照
print("-----")  # わかりやすいように単語ごとに仕切りを入れる
```

出力結果

```
肉        名詞,一般,*,*,*,*,肉,ニク,ニク
ニク
肉
名詞,一般,*,*
['名詞', '一般', '*', '*']
名詞
-----
を        助詞,格助詞,一般,*,*,*,を,ヲ,ヲ
ヲ
を
助詞,格助詞,一般,*
['助詞', '格助詞', '一般', '*']
助詞
-----
食べよ    動詞,自立,*,*,一段,未然ウ接続,食べる,タベヨ,タベヨ
タベヨ
食べる
動詞,自立,*,*
['動詞', '自立', '*', '*']
動詞
-----
う        助動詞,*,*,*,不変化型,基本形,う,ウ,ウ
ウ
う
助動詞,*,*,*
['助動詞', '*', '*', '*']
助動詞
-----
！        記号,一般,*,*,*,*,！,！,！
！
！
記号,一般,*,*
['記号', '一般', '*', '*']
```

　上記のコードで言うと、**token.reading** でヨミガナ、**token.part_of_speech.split(',')[0]** で品詞などが取り出せていることがわかります。

　こういうのは**覚える必要はありません**。上記のようなサンプルコードを手元に置いておき、必要になった際に毎回コピペして使えばよいのです！

オレ ゲンシゴ ホンヤク スル！

イヨイヨ ゲンシゴ ツール ツクル。

　おっと、既にゲンシゴになっているのは気が早すぎました。まずゲンシゴのルール2つを思い出してください。

① 全てをカタカナに変えている
②「助詞」を取り除いている

　「助詞」の場合は出力がなく、「助詞以外」の場合はヨミガナを出力するプログラムを作ればよさそうです。それをJanomeで分解した各**token**に適用させます。以下のコードです。

ゲンシゴツール

```
# Janomeのロード
from janome.tokenizer import Tokenizer

# Tokenizerインスタンスの生成
tokenizer = Tokenizer()

# 形態素解析の実施
tokens = tokenizer.tokenize("これでみんなで原始人。肉を食べよう！")

# tokenが助詞の場合は空文字列、それ以外はヨミガナを返す関数の定義
def token2gensigo(input_token):
```

```
  if input_token.part_of_speech.split(',')[0] == "助詞":
    return ""
  else:
    return input_token.reading

# 各tokenの変換結果を" "（半角スペース）でつなげる
result_str = ""
# 全てのtokenに、上でdef（定義）したtoken2gensigo関数を実行
for token in tokens:
  result_str += token2gensigo(token) + " "

print(result_str)
```

出力結果

コレ　ミンナ　ゲンシ ジン 。 ニク　タベヨ ウ ！

これでいつどこにゲンシジンが出現しても恐れることなく交流することがデキル ヨウ ナッタ！

オレ トモダチ タクサン！

　沢山のゲンシジンのお友達ができても困らないように、このプログラムをすぐに使えるように書き換えておきましょう。何度も繰り返し使いたい処理は「def」（関数）としてまとめておくと便利です。

ゲンシジンがいっぱい襲来してきたときのためのコード

```
# Janomeのロード
from janome.tokenizer import Tokenizer

# Tokenizerインスタンスの生成
tokenizer = Tokenizer()

# 日本語をゲンシゴにする関数
def nihongo2gensigo(input_str):
```

```
# 形態素解析の実施
tokens = tokenizer.tokenize(input_str)
# 各tokenの変換結果を" "（半角スペース）でつなげる
result_str = ""
for token in tokens:
  result_str += token2gensigo(token) + " "
return result_str

# tokenが助詞の場合は空文字列、それ以外はヨミガナを返す関数
def token2gensigo(input_token):
  if input_token.part_of_speech.split(',')[0] == "助詞":
    return ""
  else:
    return input_token.reading


print(nihongo2gensigo("これで今日からみんな原始人になる"))
print(nihongo2gensigo("人民の人民による人民のための政治"))
print(nihongo2gensigo("大いなる力には大いなる責任が伴う"))
```

出力結果

```
コレ　キョウ　ミンナ　ゲンシ　ジン　ナル
ジンミン　ジンミン　ジンミン　タメ　セイジ
オオイナル　チカラ　　オオイナル　セキニン　トモナウ
```

　このように関数化しておき一度実行しておけば、以降は1行だけでゲンシゴへのホンヤクが実現できます。

1回実行後、以降はこれだけで済む

```
print(nihongo2gensigo("これで何回でも原始人になれる！"))
```

出力結果

```
コレ　ナン　カイ　ゲンシ　ジン　ナレル　！
```

Colaboratory が便利な理由は、本章で見ていったように、段階的にコードを成長させていくような形で作業しやすい点です。ご自身でコードを書く場合も、最初から全てのプログラムをゼロから作ろうとせず、まずは本書や Web に記載のサンプルコードを実行し、出力を確認したり改変したりしながら、段階的に成長させていく方法をお勧めします。

発展①：オレ 魏延 ナル

オレ 劉備 守ル！！

おっと、ここでなんか原始人っぽい扱いになっている三国武将が乱入してきたようです。その名も**魏延**。反骨の相という**顔採用による被害者として世界で初めて認定された人**としても有名です。

大イナル 力 大イナル 責任 伴ウ

彼の言葉に耳を傾けると、ほとんどゲンシジンと同じ言葉を話しているのですが、中国だからでしょうか、漢字だけは忘れていないようです。不思議なこともあるものですね。

作成したゲンシゴホンヤクツールは、ちょっとコードを変えれば**魏延語翻訳機器**として生まれ変わることができます。ポイントは漢字を残すため、**元の文章のひらがなだけをカタカナに変換するような処理を入れること**です。さっそく、ひらがなをカタカナにするコードを作ってみましょう。

ひらがなをカタカナに直す関数

```
# ひらがなをカタカナに直す関数
def hira_to_kata(input_str):
  return "".join([chr(ord(ch) + 96) if ("ぁ" <= ch <= "ん") else ch for ch in input_str])

print(hira_to_kata("ここに入れた文章のひらがなをカタカナに変えるよ"))
```

ココニ入レタ文章ノヒラガナヲカタカナ二変エルヨ

MEMO

「ひらがなをカタカナに直す」など、**誰かが作っていそうな処理／コード**はGoogle検索を行えばサンプルがいくつか見つかりますので、覚える必要はありません。**コピペで使ってください。**とはいえ本コードの原理を簡単に説明しておきます。あらゆる文字には番号がつけられており、ひらがなとカタカナはその番号体系が96だけずれて採番されているのです。ord関数で文字をその番号（Unicode値）に変換することができます。例えば「あ」の番号は、ord("あ")を実行すると12354だとわかります。同様に、ord("ア")を実行すると12450になります。両番号の差は96です。他の字も同様です。そこで、ひらがなをカタカナへ変換するためには、「ぁ」〜「ん」までのひらがなのどれかというif条件を満たす文字に対し、番号を96だけずらす処理を行う、というコードになります。

あ、さっそく魏延さんが呼んでいるようです。

「わし（魏延）を話せるものがあるか！？」
「ここにいるぞ！！」

構造としてはゲンシゴホンヤクツールと同様に作ります。先にカタカナにしてしまうと、Janomeによる形態素解析が失敗しますので、まず形態素解析を行って助詞を取り除いてからカタカナに変換します。

魏延降臨

```python
# Janomeのロード
from janome.tokenizer import Tokenizer

# Tokenizerインスタンスの生成
tokenizer = Tokenizer()

# 日本語を魏延語にする関数
def nihongo2giengo(input_str):
    # 形態素解析の実施
    tokens = tokenizer.tokenize(input_str)
    # 各tokenを魏延語変換器にかける
```

```
  result_str = ""
  for token in tokens:
    result_str += token2giengo(token) + " "
  return result_str

# ひらがなをカタカナに直す関数
def hira_to_kata(input_str):
  return "".join([chr(ord(ch) + 96) if ("ぁ" <= ch <= "ん") else ch for ch
in input_str])

# tokenが助詞の場合は空文字列、それ以外は
# 元の単語のひらがなをカタカナにする関数
def token2giengo(input_token):
  if input_token.part_of_speech.split(',')[0] == "助詞":
    return ""
  else:
    # 「ひらがな」を「カタカナ」に変える関数を元の単語に適用
    return hira_to_kata(input_token.surface)

print(nihongo2giengo("これで今日からみんな原始人になる"))
print(nihongo2giengo("人民の人民による人民のための政治"))
print(nihongo2giengo("大いなる力には大いなる責任が伴う"))
```

出力結果

```
コレ　今日　ミンナ　原始　人　ナル
人民　人民　人民　タメ　政治
大イナル　力　　大イナル　責任　伴ウ
```

　これで魏延語翻訳機器が完成しました。あと1800年くらい早くこのツールが完成していれば、魏延とわかり合うことができて馬岱も彼を殺さずに済んだかもしれません。惜しいことをしたものです。

発展②：某田舎訛りの戦闘民族用語変換器

　戦闘力が5程度のゴミのような私としましては、金髪碧眼になる某田舎訛りの戦闘民族の方

と仲良くなりたいところです。

おっす、オラ戦闘民族、いっちょやってみっか！

あのお方の言葉遣いはなかなか独特なものがありまして、お近づきになるためにはかなりの努力が必要そうです。魏延語とは違い、かなり複雑な読み方の変換を実装しなければなりません。変換ルールはいくつかあるのですが、代表例として2つ記載します。

- 変換ルール1：母音 [a, e] + [i, e] => 母音 [e] + 'ぇ'
  例：最初 → さいしょ → saisyo → selesyo → せぇしょ

- 変換ルール2：品詞：動詞 に含まれる 'る' => 'っ' 文末の場合は 'っぞ'
  例：します（する＋ます）→ suru → sultuzo → すっぞ

このような言葉遣いに変換するためには、まずヨミガナを取得し、ローマ字に変換して、各変換ルールを実装していく必要があります。**ご自身で作ってみるのもおもしれぇぞ！！オラ、わくわくしてきたぞ！！**と言いたいところなのですが、既にこれをぺぇそん（Python）で簡単に使えるライブラリとして作成されている方がいらっしゃいますので、それをさっと動かすための方法をご紹介いたします。

戦闘民族の血をインストール

```
!pip install janome==0.3.7
!pip install pykakasi==0.94
!pip install semidbm==0.5.1
!pip install six==1.12.0
!pip install gokulang==1.0.2
```

MEMO

一部ライブラリのバージョンに依存した処理があるようで、janome の 0.4.1 版とは一緒に使えませんでした。よってライブラリごとに必要なバージョンを指定してインストールしています。先にゲンシゴ／魏延語を実施している環境など、既に janome の新バージョンを使っている場合、You must restart the runtime in order to use newly installed versions. のようなメッセージが表示されるかもしれません。その場合、メッセージの指示に従ってメッセージの下部に現れる「RESTART RUNTIME」のボタンを押して Colaboratory を再起動してみてください※。

※注：2023年2月時点では、エラーメッセージと「RESTART RUNTIME」のボタンは表示されなくなりました。先にゲンシゴ／魏延語を実施している環境など、既にjanomeの新バージョンを使っている場合、画面上部メニューの「ランタイム」→「ランタイムを再起動」などの操作によりColaboratoryを再起動してみてください。

戦闘民族の誇りにかけて実行してみる

```
from gokulang.gokulang import GokuLang
g = GokuLang()
print(g.translate('案外簡単に戦闘民族になれてすごいぞ'))
print(g.translate('汚い花火だ'))
print(g.translate('パイソンに慣れたか？今のお前なら大丈夫だ'))
```

出力結果

```
あんげぇ簡単に戦闘民族になれてすげぇぞ
きたねぇ花火だ
ぺぇそんに慣れたか？今のおめぇならでぇじょうぶだ
```

これでいつ地球に「冷蔵庫」の名前の敵が来てもでぇじょうぶですね！！

発展③：お嬢様コトバですわ！

　私のような下々のものの理解を超えた言葉の世界があると聞いたことがあります。「**お嬢様コトバ**」といって、何でもそこでは常に最上級の言葉遣いがやりとりされているそうでございます。**本書をお手に取るような高貴なる方々**にとっては日常のやりとりそのものだとは存じますが、一部の平民どものために、以下にその一部、伝え聞いておりますところをご紹介します。

- お嬢様コトバ
  例1：こんにちは ⇒ ごきげんよう
  例2：すみません ⇒ 恐れ入ります
  例3：ああそう ⇒ さようでございますか
  例4：おなら ⇒ 天使のため息
  例5：ぶっとばすぞ ⇒ 快適な空の旅をお楽しみください

こんな変換が実装できるのでございましょうか？　実はこのような高度な変換を行うツールは、逆に「力業」で実装されている場合が多いようです。単純に「おなら」という単語を登録しておいて、それを「天使のため息」で置換する。これを数千語程度登録しておけば、かなり高度な変換ツールが完成します。以下に単純変換する場合のコード例を記載します。

お嬢様コトバに変換して差し上げますわ（超簡易版）

```python
# 変換用の辞書定義
ojyou_dict = {
    "こんにちは" : "ごきげんよう",
    "すみません": "恐れ入ります",
    "ああそう" : "さようでございますか",
    "おなら" : "天使のため息",
    "ぶっとばすぞ" : "快適な空の旅をお楽しみください",
}

# 変換用の辞書に応じた変換処理を行う関数
def ippansimin2ojyou(input_str):
  result_str = input_str
  for key,value in ojyou_dict.items():
    result_str = result_str.replace(key, value)
  return result_str

print(ippansimin2ojyou("こんにちは、調子はどう？"))
print(ippansimin2ojyou("すみません、おならが出そうです"))
print(ippansimin2ojyou("ああそう、ぶっとばすぞ"))
```

出力結果

```
ごきげんよう、調子はどう？
恐れ入ります、天使のため息が出そうです
さようでございますか、快適な空の旅をお楽しみください
```

この変換コードでは ojyou_dict のところで、Python の「辞書型」という変数タイプを使っています。key に対して対応する value を登録しておく使い方で、辞書のように見出し語＋その説明をセットで使うというイメージです。ojyou_dict.items() のところでその全ての key と value に対して for のループを実行しています。result_str.replace(key, value) の処理は replace の読んで字のごとく、key の文字列を value の文字列で置き換える処理を実施しています。

このコードは、単純に語句の置き換え用のツールとしてもすぐ使えますので、お嬢様にご興味がない方もぜひ一度実行しておきませんと、**快適な空の旅をお楽しみください！！**

例として挙げたキーワードが少ないために、今回のツールは他の単語を入れると全く使い物になりません。しかし、大量に変換キーワードを集めてきて、また、戦闘民族語のときと同様に読み方に「ですわ」口調を付与するなどの実装を行うことで、あなただけのお嬢様が完成するのでございます！

真面目にお嬢様にお近づきになるためには、形態素解析ツールも忘れずに導入してください。例えば、

● どんより ⇒ 物憂げな六月の雨に打たれて

などの変換を登録しておいたとします。単純な置換処理だけで以下の例文に適用しようとすると……

> どんよりとした曇り空の下、うどんよりそばを食べたい気分
> ⇒「どんより」とした曇り空の下、う「どんより」そばを食べたい気分

と変な箇所に対して変換がかかってしまいます。語尾の接続などもおかしくなることがあります。形態素解析の品詞や活用の情報を使ったり、変換テーブルの登録方法を変えてみるなど、様々な工夫を行うとよいでしょう。本当のお嬢様への道は険しいのでございますわ！！

参照文献

- Janome v0.4 documentation (ja)
https://mocobeta.github.io/janome/

- オレ プログラム ウゴカス オマエ ゲンシジン ナル
https://qiita.com/Harusugi/items/f499e8707b36d0f570c4

- オマエ スマホ ゲンシジン 魏延 ナル
https://qiita.com/youwht/items/6c7712bfc7fd088223a2

- フロント明るくないおじさんがWebアプリ作った話【悟空語ジェネレーター】
https://qiita.com/kinmi/items/c66aa98718acad84621b

- 悟空語ジェネレーターをぺぇそん(Python)でも作ってみたぞ！えーぴーえぇ(API)化もしたぞ！
https://appllis.net/8d90ed97-0a8d-5fa5-a3bc-c3658244e12c/

## 第 3 章

メロスの激おこ具合を冷静に可視化する

メロスは激怒した。

かの有名な『走れメロス』（太宰治）の書き出しです。現代日本風のヤングでナウい正しい表現で言い換えると、

メロスは激おこぷんぷん丸。

というところでしょうか。ところで「激おこぷんぷん丸」には怒りの比較級のレベルによる表現の違いがございまして、いわく、以下の6段階があるそうです。

【弱め】おこ
【普通】まじおこ
【強め】激おこぷんぷん丸
【最上級】ムカ着火ファイヤー
【爆発】カム着火インフェルノォォォォォウ
【神】激おこスティックファイナリアリティぷんぷんドリーム

文学の素養がない筆者から見ても、【爆発】や【神】はめっちゃ怒っている様子が感じられる表現です。しかしコンピュータや機械が、このような**感情の度合い**を理解するにはどうしたらよいのでしょうか？

「形態素解析」を用いて「メロスは激怒した」を解析すると、

激怒　名詞 , サ変接続 , ＊ , ＊ , ＊ , ＊ , 激怒 , ゲキド , ゲキド

のように「サ行変格活用の動詞となりうる名詞のこと」ということまではわかるのですが、怒った感は皆無でございます。

　仮に、文学の素養あふれる筆者が、メロスが困っている様子を物語にしたとします。

メロスは号泣した。
必ず、おもちゃを奪う邪智暴虐の王を除かなければならぬと決意した。
メロスには政治がわからぬ。
メロスは、村の園児である。

　この名文の最初の文章を形態素解析した場合「号泣」は以下のように解析されまして、「激怒」と全く同様の結果になります。

号泣　名詞 , サ変接続 , ＊ , ＊ , ＊ , ＊ , 号泣 , ゴウキュウ , ゴーキュー

　機械（形態素解析ツール）から見ればメロスの「激怒」も園児の「号泣」と同レベルということですね。すなわち、「太宰治」も「筆者」も同程度の**大文豪**ということになります！　これは、形態素解析では日本語の構造を解析しているのみであり、その「気持ち」を無視しているためです。

　「気持ち」の把握は重要で、大文豪を目指さなくても、ある文章が悪い印象を意味しているのか、良い印象を意味しているのか把握したいというのは、よくある要望です。例えば「お客様の声」を分析するような場合、お客様が「喜んだ」のか「おこ」なのか「激おこスティックファイナリアリティぷんぷんドリーム」なのか把握するのは重要でしょう。このような分析を「感情分析」と呼びます。

　本章では、「感情分析」の中で、最もシンプルな「ネガポジ分析」を使って、メロスの「おこ」具合を分析していきたいと思います。

ネガポジ分析とは？

　ある文章がネガティブ（激おこ）な表現なのか、ポジティブな表現なのか、分析することは最もよく使われる感情分析です。このような分析を「ネガポジ分析」といいます。本章では「走れメロス」を**ネガポジ分析**して、メロスはどれくらい「おこ」のまま突っ走ったのか、可視化したいと思います。

ネガティブ　　　　　　　　　　　　　　　　　　　　　　　　　ポジティブ

狭い店内にしかめ面の大将、
私は店に入ったことを後悔した。

とりあえずオススメのラーメンを頼んでみて驚いた。

このレビューは、
「ポジティブ」なレビューかな？

煮干と鶏ガラの旨みが効いた上品なスープがうまい。

チャーシューがジューシーで食べ応えもバツグン。

ネギや味玉も下ごしらえが完璧でスープとよく合う。

この大将も顔に似合わない丁寧な仕事をするものだぜ！

● ラーメン店のレビューをネガポジ分析する

　『**走れメロス**』のネタバレ要素を含みますので、ネタバレが困るという方は先にメロスを読破してから来てくださいませ。

　ネガポジ分析の方針は簡単です。どんな単語が「ネガティブ」表現時によく使われ、どんな単語が「ポジティブ」表現時によく使われているのか、まとめられたデータを参照して、各単語や文章を「ネガティブ」or「ポジティブ」で採点していくだけです。

ネガポジ分析をやってみよう！

さっそく、偉大な先人がまとめてくださっているネガポジのデータ＝「日本語評価極性辞書」をダウンロードしましょう。Colaboratory上で以下のコマンドを実行［Shift］＋［Enter］してみてください。

日本語評価極性辞書のダウンロード

```
! curl http://www.cl.ecei.tohoku.ac.jp/resources/sent_lex/pn.csv.m3.120408.
trim > pn.csv
```

Colaboratory上の左側のサイドバーにある「フォルダ」のアイコンをクリックしてみてください。コマンドが成功していれば、このように **pn.csv** ファイルが一時作業領域に保存されていることが確認できます。

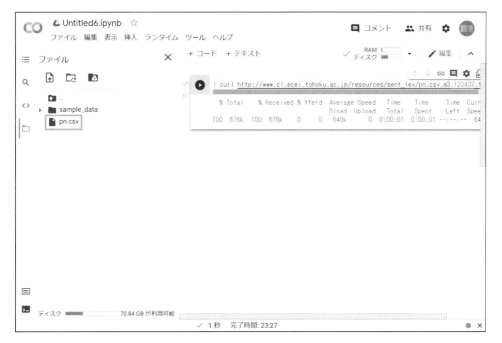

● 一時作業領域に保存されているファイルの確認

今回実行したコマンドは、curlというコマンドで、ざっくり言えばChromeなどのブラウザと同じようなWebページへのアクセスをコマンドで実行するものです。今回ダウンロードした辞書データは以下で公開されています。

- 日本語評価極性辞書
  http://www.cl.ecei.tohoku.ac.jp/index.php?Open%20Resources%2FJapanese%20Sentiment%20Polarity%20Dictionary

curlによってここで公開されているダウンロードURLにアクセスし、その結果を、> pn.csvでcsvファイルとして保存する、という処理を実行しています。

ダウンロードしてきたファイルを読み込み、辞書型のデータとして格納します。このpn.csvをPythonで読み込んでみましょう。

ダウンロードしたネガポジ辞書データの読み込み

```python
import csv
np_dic = {}
# utf-8の文字コードを指定してファイルを開く
fp = open("pn.csv", "rt", encoding="utf-8")
# タブ区切り形式でCSVデータを読む
reader = csv.reader(fp, delimiter='\t')
# 各行ごとに処理を行う
for i, row in enumerate(reader):
    # 行ごとのデータは以下の形式であり、
    # 愛情    p    ～がある・高まる（存在・性質）
    # 冒頭の見出し語を name に、
    # 次の p or n or e などを result に格納
    name = row[0]
    result = row[1]
    np_dic[name] = result
    if i % 1000 == 0: print(i)
print("ok")
```

出力結果

```
0
1000
2000
3000
4000
5000
6000
7000
8000
9000
10000
11000
12000
13000
ok
```

　読み込んだ結果を確認してみます。このデータにはおよそ1万3千語ほどの単語が登録されており、以下のようにして、その単語が**n** = ネガティブ、**p** = ポジティブ、**e** = ニュートラル、のどれに該当しているのか確認することができます。

読み込んだ辞書データの確認

```
print(np_dic["激怒"])
print(np_dic["苦情"])
print(np_dic["糞"])
print(np_dic["喜び"])
print(np_dic["勝利"])
print(np_dic["上品"])
print(np_dic["商品"])
print(np_dic["奔走"])
print(np_dic["時間"])
```

```
n
n
n
p
p
p
e
e
e
```

「激怒」はネガティブな表現で使われることが多いため、**n**で登録されていますね。あとは文章の各単語に対してこの処理を適用して、ネガティブ用語、ポジティブ用語の個数を調べればOKです！

メロスは激怒した。必ず、かの邪智暴虐の王を除かなければならぬと決意した。

さっそくこの文章のネガティブ度合いを見ていきましょう。まずは Janome で形態素解析を行い、出てきた単語に対して、**np_dic** に含まれているのか、含まれていればネガティブなのかポジティブなのか、をカウントしていきます。

Janome のインストールがまだの場合や、Colaboratory の接続が切れて再インストールが必要な場合は以下の Janome のインストールコマンドを先に実行しておいてください。

Janomeのインストール

```
!pip install janome
```

文章に対してネガポジ分析を行うコード

```
# Janomeのロード
from janome.tokenizer import Tokenizer

# Tokenizerインスタンスの生成
tokenizer = Tokenizer()
```

```python
# 入力した文字列に対して、
# ポジティブ単語数、ネガティブ単語数、全単語数、の3つを返す
def np_rate(input_str):
  pos_count  = 0
  neg_count  = 0
  word_count = 0
  tokens = tokenizer.tokenize(input_str)
  for token in tokens:
    base_form = token.base_form # 原形 / 基本形
    # ネガポジ辞書に存在するか確認して対応するほうを1増やす
    if base_form in np_dic:
      # 単語を辞書のキーとして、そのバリューが p か n か確認する
      if np_dic[base_form] == "p" :
        pos_count += 1
        # どんな言葉がポジ判定されてるか確認用（あとでコメントアウト）
        print("POS:" + base_form)
      if np_dic[base_form] == "n" :
        neg_count += 1
        # どんな言葉がネガ判定されてるか確認用（あとでコメントアウト）
        print("NEG:" + base_form)
    # 存在しようがしまいが、単語数を1増やす
    word_count += 1
  return pos_count, neg_count, word_count


print(np_rate("メロスは激怒した。必ず、かの邪智暴虐の王を除かなければならぬと決意した。"))
```

出力結果

```
NEG:激怒
NEG:暴虐
(0, 2, 24)
```

MEMO

（あとでコメントアウト）の箇所の直下の行については、コードの動きを確認するためにprintで途中状況を表示している箇所です。一度動かして内容を確認できれば、printの前に # を追加してください。Pythonでは、# 以降の記載は、「コメント」として扱われて実行時に無視されます。このようにして冒頭に # を付与して実質的に削除することを、「コメントアウト」と呼びます。このprintに関しては、途中状況を表示しているだけですので、気にならなければコメントアウトしなくても構いません。

ネガティブワードとして「激怒」「暴虐」が辞書データ内にあることが確認できます。「暴虐な王」って悪口を言っているわけですから、あまり良い意味ではないですよね。そして(0, 2, 24)の結果は、全24単語中、ポジティブワードが0個、ネガティブワードが2個、であったことを意味します。結論として、この文章はネガティブな表現であり、その「ネガティブ度合い」としては、「24分の2」というところでしょうか。単純に単語数を度合いにしてしまうと、長い文章のほうが度合いが高くなってしまうため、このように全単語数で割るとよいでしょう。また、ポジティブ単語数 引く ネガティブ単語数、などと引き算で値を出してしまうと、感情の揺れがあまりない0なのか、お互い強い感情が打ち消し合っての0なのか区別ができなくなってしまうため、それぞれの値で出すことをお勧めします。

これで最もシンプルなネガポジ分析ツールを実装することができました。ぜひ、例文として**本書に対する最大級の賞賛の文章**を書いてみて、分析結果がどう変わるのか、確認してみてください。ここで作った**賞賛の文章**は本書の**書評をする際**や**お友達に薦める際**にも使えるので、一度作っておくと大変便利です！

MEMO

ここでは単純にネガティブ単語やポジティブ単語の出現個数だけ数えています。もし、ひねくれた大文豪が「メロスは激怒しなかった」などのように否定形で書いた場合、判断を誤ってしまいます。より精緻に分析する場合は「否定」表現を検出して、判定を裏返す必要があります。ただし、通常の文章では統計的に否定表現は多くないため、解析対象の文章がある程度長く大局観をつかみたいだけであれば、単純なカウントでも十分でしょう。

MEMO

今回扱っている辞書データは単語数が不十分であり、「激おこぷんぷん丸」などの表現には対応していません。また仮に対応していたとしても、「おこ」と「カム着火インフェルノォォォオオウ」のような「程度」も注意するべきでしょう。より精緻なネガポジ分析を実施したい場合は、分析に用いる単語データを増やすとともに、各単語の「程度」を数値データとして登録しておくと、より良い結果を得ることができきます。

メロスはどれくらいで冷めたのか？

　メロスは一番最初に激怒したことで有名です。一方で最後には「M」なお友達（セリヌンティウス）を殴ったり素っ裸のまま男同士で抱き合って喜んだりなどのBL的ハッピーエンドになることでも有名です。

　このように物語の感情が「激怒」から「喜び」へと変わっていく様子をグラフで可視化したいと思います。

　まずは『走れメロス』を入手しなければいけません。800円ほど持って本屋に行って太宰治の本を買ってきてください。そして頑張ってメロスの全文データをタイピング入力しましょう。これで『走れメロス』の全文データを作ることができました！

　……って**そんなこと面倒だからやってられねーっ**、ですって？　さすがです。「怠惰」なことはプログラマーの三大美徳の1つであり、これを嫌がったあなたにはプログラマーの素養が十分あります！　100人に1人の逸材を見つけてしまったようです。

　筆者的には「本屋で買ってきて自分で作ってね」のほうが「怠惰」で済んで楽なのですが、そうも言ってられないでしょう。**秘密の方法**をお伝えしたいと思います。

青空文庫から一発でデータを引き抜く秘密の方法

　まず、太宰治などの著作権が既に切れている名著のデータは、「青空文庫」で無料で入手することができます。『走れメロス』であれば以下のURLで、zipファイルのダウンロードが可能です。

https://www.aozora.gr.jp/cards/000035/files/1567_ruby_4948.zip

　さあ、上記のファイルをダウンロードしてzip解凍しましょう。そして中身のテキストはshift-jisの文字コードになっているため、utf-8の文字コードで保存しなおしてください。

さらに、［＃7字下げ］などのような入力者注や、冒頭の注釈、邪智暴虐《じゃちぼうぎゃく》などのような「ルビ」表示を削除してから、Colaboratory にアップロードします。

……って**そんなこと面倒だからやってられねーっ**、ですって？　さすがです。以下略。そんな1000人に1人の逸材のために、一発実行するだけでこれらの超大変な作業を代替してくれるコードをご用意させていただきました。Python を使って Colaboratory 上から直接青空文庫にアクセスして、zip 解凍や、各種テキスト加工処理を実行するコードです。URL を変更すればもちろん『走れメロス』以外のデータも取得可能です。他の章でも使いますので、付録に記載しています。

※ここで付録を参照し、記載のコードを実行してください。「はじめに」に記載のリンクから、「すぐ実行できるファイル」を使用している方は、ファイルに記載のコードをそのまま実行してください。

それでは、付録のコードに記載の関数を呼び出して、実際にデータを取得してきます。

走れメロスのデータをダウンロード＆加工して使いやすく

```
# ダウンロードしたいURLを入力する
ZIP_URL = 'https://www.aozora.gr.jp/cards/000035/files/1567_ruby_4948.zip'

# 青空文庫からダウンロードする関数を実行
aozora_dl_text = get_flat_text_from_aozora(ZIP_URL)

# 途中経過を見たい場合以下のコメントを解除
# 冒頭1000文字を出力
# print(aozora_dl_text[0:1000])

# 青空文庫のテキストを加工する関数を実行
flat_text = flatten_aozora(aozora_dl_text)

# 冒頭1000文字を出力
print(flat_text[0:1000])
```

```
1567_ruby_4948.zip
Download URL = https://www.aozora.gr.jp/cards/000035/files/1567_ruby_4948.zip
1567_ruby_4948/hashire_merosu.txt
メロスは激怒した。必ず、かの邪智暴虐の王を除かなければならぬと決意した。
```

(以下略)

いかがでしたでしょうか？（ドヤァ）

付録だけでも本書を購入したモトを取れるほど、お金と手間を節約できたかもしれません。 さきほど書いていただいた **本書に対する最大級の賞賛の文章**に、このことを加筆していただいてもよいと思いますよ！

グラフ表示のための準備運動

いよいよメロスの感情の動きを明らかにしたいのですが、その前にグラフを作成するコードの準備運動をしましょう。以下のコードを実行してみてください。2次元の折れ線グラフを同時に2つ描きます。

2種類の折れ線グラフを描くコード

```python
%matplotlib inline
# ↑グラフを表示するためのおまじない
# Colaboratoryで実行する場合はなくても問題ありません

import matplotlib.pyplot as plt

# X座標
x = [1, 2, 3, 4, 5, 6]
# Y座標は2種類
y1 = [10, 30, 30, 20, 80, 90]
y2 = [20, 10, 30, 50, 60, 50]
```

```
# グラフのフォーマットを指定してプロット
plt.plot(x, y1, marker="o", color = "red", linestyle = "--")
plt.plot(x, y2, marker="x", color = "blue",  linestyle = ":")
```

出力結果

（グラフのみ掲載）

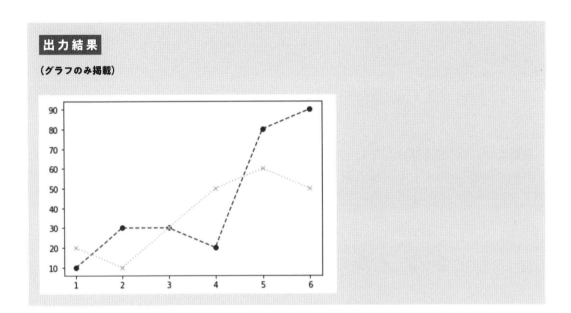

　matplotlibというグラフ描画ライブラリを使い、（x , y1）と（x , y2）のグラフを描いています。y1のグラフの内容としては、X座標がそれぞれ[1, 2, 3, 4, 5, 6]のときに、Y座標がそれぞれ[10, 30, 30, 20, 80, 90]となるような点をグラフ上に打点したものです。このように打点して記録を取ることを、プロットする、と言います。y2のグラフも同様です。

　今回は**x**を時系列＝小説の進行具合＝それまでの単語数と考えます。そしてネガポジ分析で出した、ポジの比率を赤のグラフ、ネガの比率を青のグラフとして表現してみたいと思います（紙面では赤のグラフは黒で印刷されています）。

メロスの感情を時系列でグラフ化する

　ここまで来たらあとは全処理を組み合わせれば完成です。グラフ表示のX軸とY軸のところに、これまで作ったネガポジ分析の結果を当てはめていくように作ってみましょう。

メロスの感情を時系列でグラフ化するコード

（事前に本章のこれまでのコードを全て実行しておいてください）

```
# ダウンロードしたいURLを入力する
ZIP_URL = 'https://www.aozora.gr.jp/cards/000035/files/1567_ruby_4948.zip'

# ダウンロード＆テキスト取得
aozora_dl_text = get_flat_text_from_aozora(ZIP_URL)

# タグや外字などのデータを加工
flat_text = flatten_aozora(aozora_dl_text)

# フラットなテキストを「改行コード」で区切ってリスト形式にする
mero_list = flat_text.split('\n')

# グラフ作成用のx軸，y軸
# X座標（物語の進行の時間軸として、それまでの単語総数を入れる）
x = []
# Y座標は2種類＝y1にポジティブ度合い、y2にネガティブ度合いとする
y1 = []
y2 = []


total_word_count = 0
# 作ったリストの各要素に対して処理を行う
for mero_str in mero_list:
  # リストの中身＝文字列に対してネガポジ分析を行う。
  pos_count, neg_count, word_count = np_rate(mero_str)
  # 単語数が0となる行があった場合、その行を飛ばす（0除算防止）
  if word_count <1 :
    continue
  # 全単語数に対するポジティブの比率を、リストに追加する
  y1.append(pos_count/word_count)
  # 全単語数に対するポジティブの比率を、リストに追加する
  y2.append(neg_count/word_count)
  # これまでに出てきた単語数の合計をX軸とする
  total_word_count += word_count
  x.append(total_word_count)

# グラフのフォーマットを指定してプロット
plt.plot(x, y1, marker="o", color = "red", linestyle = "--")
plt.plot(x, y2, marker="x", color = "blue",  linestyle = ":")
```

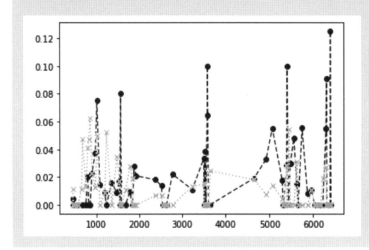

いかがでしたでしょうか？

　始めに激怒したころは青のネガティブが高くなっています。改行ごとにプロットしており横軸は単語数です。セリフが多いところは改行が頻繁に行われるため、プロットの頻度が高くなります。最初と最後はプロットの頻度が高く、真ん中の走るところではプロット頻度が低くなっています。そして最後のハッピーエンドに向けては赤のポジティブがかなり青を上回っています。希望に燃えて走るところは赤が高めなのですが、ちょっと青も入って山賊や疲労に襲われている点も可視化できているようです。

　メロスといえば激怒、激怒といえばメロス、として有名でしたが、意外と最初しか怒っていないんですね。メロスの激おこ具合を冷静に可視化した結果、**ぶっちゃけあまり怒り続けてはいない**、ことが判明しました。熱しやすく冷めやすいタイプのスタンド使いだったようです。

　メロスの話はもう飽きた、という彼と同じくらい冷めやすい方は、ぜひダウンロード対象の作品URLを入れ替えて遊んでみてください。サンプルとして青空文庫の有名どころのzipファイルのURLを記載しておきます。他の作品のURLも青空文庫の「図書カード」のページからすぐに見つかると思います。

注文の多い料理店

https://www.aozora.gr.jp/cards/000081/files/43754_ruby_17594.zip

出力結果

（グラフのみ掲載）

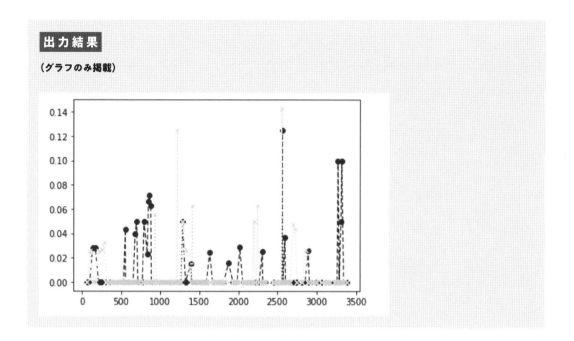

　不思議がっている中立的なセリフが多いため「0」が多いのですが、序盤でとても疲れているときに「お店」を見つけて喜んでいる様子や、終盤に青で怖がっている様子などが多少出ていそうです。

出力結果

（グラフのみ掲載）

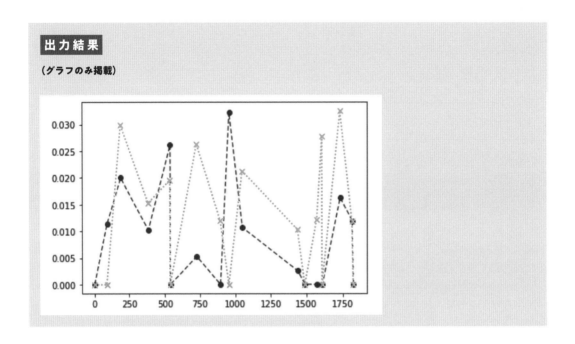

　最後のほうで青が高く、喜ばせておいて最後に残念、のお釈迦様の落胆ぶりが出ているかも
しれません。

　このように物語の概要を俯瞰できて、**読書感想文の宿題が出ている小学生に教えてあげると
大変喜ばれそうなコード**が完成しました！　ポジティブやネガティブの値が特に高い箇所だけ
本文を print すれば、山場っぽい部分だけ真面目に読む、なども可能です。今回はかなり簡
易的な手法、簡易的な辞書による分析ですので、より精緻な分析をしたい方は、いろいろご自
身で改造してみてください。

参照文献

● ニコニコ大百科：激おこぷんぷん丸

https://dic.nicovideo.jp/a/%E6%BF%80%E3%81%8A%E3%81%93%E3%81%B7%E3%82%93%E3
%81%B7%E3%82%93%E4%B8%B8

● ゼロからはじめる Python：読み放題のネット小説をネガポジ判定で評価してみよう

https://news.mynavi.jp/article/zeropython-58/

● 逆引き Python：青空文庫から Python で本文を取得したい（分かち書き）

https://newtechnologylifestyle.net/青空文庫からPythonで本文を取得したい（分かち書き/

● 青空文庫の外字を Python で Unicode に置換

https://qiita.com/kichiki/items/bb65f7b57e09789a05ce

●【自然言語処理】感情分析の進め方＆ハマりやすいポイント

https://qiita.com/toshiyuki_tsutsui/items/604f92dbe6e20a18a17e

江戸川＆コナンの小説を自動生成してみる

何を隠しましょうか、筆者は**江戸川乱歩**、**コナン・ドイル**の両先生の大ファンでありまして、お二人のような推理小説を書きたいと思うものであります。しかし、前章においても明らかなように筆者には文学的な素養がありません。そこで、**見た目は大人、頭脳は子供の筆者はたった1つの真実**にたどり着きました。そうだ、Pythonにやらせればいいんだ！

無限の猿に小説を書かせる

コンピュータに文章を生成させるにはどうすればよいのでしょうか？　プログラムを作る側として、おそらく最も簡単な方法は「**無限の猿定理**」を使うものです。

無限の猿定理とは「**猿がずっとランダムにタイプライターをたたき続ければ、いつかはシェイクスピアの作品を打ち出す**」というものです。つまり、ランダムに文字を出力し続けるプロ

グラムを書けば、いつかは「シャーロック・ホームズ」という単語が出てくるかもしれません。その後シャーロック・ホームズが薬で小さくされてしまうような物語も出てくるかもしれませんね。

　さっそくこの猿をPythonで実装してみましょう。

無限の猿の実装例

```python
import random
# ランダムに選択するための文字のリストを作る
# hiragana_list = ["あ","い",・・・] というのと同じ
hiragana_list = [chr(i) for i in range(12353, 12436)]
# abc_list = [chr(i) for i in range(97, 97+26)]

kurikaesi_kaisuu = 1000
# 無限は厳しいので、指定の回数分繰り返しにしている
for counter in range(kurikaesi_kaisuu):
    # 改行なしで、リストの中からランダムにとった1文字を出力
    print(random.choice(hiragana_list), end='')
```

出力結果

（ランダムなので毎回異なります）
げのしづちてぜぇみふゎくあっをふべみっゃべばゑごぶてがぴつほけへぐるゐをやひふざじひぴにねぼざだてれの
（以下略）

　小説の自動生成プログラムがこんなに簡単に作れてしまいました！　江戸川乱歩、コナン・ドイルの小説と同じものを書く可能性があるだけでなく、他の文学作品などを生成する可能性もあります。これは小学1年生のお友達にも自慢できますね！

　安全のために無限ループではなく1000回で止めていますが、これを巨大な数に変えて何度も実行して、1500年くらい頑張ってみてください。1秒間に60文字ほど打てると仮定した場合、1500年くらい待てば「えどがわらんぽ」の7文字が出ることもありそうです。

　……って**そんなに長い間待ってられねー**、ですって？　さすがです。「短気」なことはプログラマーの三大美徳の1つであり、これを嫌がったあなたにはプログラマーの素養が十分ありま

す！　10年に1人の逸材を見つけてしまったようです。

　筆者的には「ちょっと待っててね」のほうが楽なのですが、そうも言ってられないでしょう。もう少し使いやすい「猿」をご紹介します！！

江戸川＆コナンの単語を学習した猿をさらに強化する方法

　「えどがわらんぽ」に1000年かかってしまってはいつまでも話が進みません（既に25年以上ずっと小学1年生をやっている探偵もいるようですが、1000年も経てば高校生くらいまでは戻れるかもしれないですね）。そこで「1文字」単位ではなく「単語」単位で無限の猿を作るのはいかがでしょうか？

　つまり、江戸川乱歩の全小説と、コナン・ドイルの全小説を形態素解析して、使われている単語の一覧リストを作ります。その単語一覧からランダムに出力するようにする、という案です。使われている表現や言い回しなども本家に近いものになり、まさに江戸川＆コナンの合作小説が出来上がります。

　さっそく実装してみましょう……って、**やる前からそんなの結果がわかっているよ、さっさと次に進めろ**、ですって？　さすがです。「短気」なことは〜以下略。筆者も「短気」なのでさっさと次にいきます。

　ご賢察の通り、ランダムに単語を出力するだけではなかなか文法的に意味のある表現が出てくることはありません。意味の通る文章を1行得ることすら稀でしょう。

　本来自然言語は「次に続く単語」がある程度予想できるものです。例えば「ホームズ」は人名なので、そのあとに続く言葉としては、「は」「が」「に」などが来ることが多そうですね。

　「次に続く単語」は「直前の単語のあとに来たことがある単語」からランダムに選ぶようにしてみたらどうでしょうか。本家コナン・ドイルの小説で「ホームズ」のあとに使われている単語をあらかじめ一覧化しておき、「ホームズ」ときたら次の単語はその一覧の中から選ぶ、という寸法です。

しかし、直前の単語だけを参照してしまうと、めちゃくちゃな文になってしまいます。「は」に続く単語なんていくらでもありますね。そこで、「ホームズ」「は」などと2単語参照して、「推理した」「見た」「飛び降りた」など、「ホームズは」に続く単語を選ぶことにしてみましょう。「ホームズは」と「犯人は」から続く単語として、「推理した」へと続くのはホームズだけでしょうし、それぞれの行動の特徴が出るハズです。

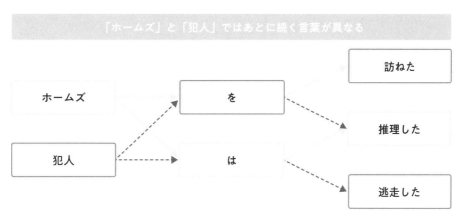

「ホームズ」と「犯人」ではあとに続く言葉が異なる

●単語はどのように続くか？

この方法ならば高い確率で**まともな表現**が出てきます。これは「**マルコフ連鎖**」と呼ばれています。本章では「**マルコフ連鎖**」を用いて、江戸川乱歩とコナン・ドイルの二大巨匠の特徴を混ぜ合わせた、江戸川＆コナンによる新作小説を作ってみたいと思います！

MEMO

参照する単語数を増やせば増やすほど、元ネタにした文章に近い自然な表現が出やすいですが、参照する単語数を増やしすぎると、元ネタの文章のいくつかの文がそのまま出てくるだけになります。「2単語」はほぼ最小値であるため、元ネタとして入れる文章量を増やし、もう少し単語数を多くすることが望ましいでしょう。

小説データの収集はLAN姉ちゃんにお願い！

　小説を自動生成させるためには、まず巨匠お二人の書いた小説データを集めてこなければいけません。現代ではインターネットを通じて**青空文庫**から無料でダウンロードしてくることができます。**LAN姉ちゃん**にお願いしてダウンロードしてきてもらいましょう。

　LAN姉ちゃんにお願いするためのコードは、付録に記載されています。

　※ここで付録を参照し、記載のコードを実行してください。「はじめに」に記載のリンクから、「すぐ実行できるファイル」を使用している方は、ファイルに記載のコードをそのまま実行してください。

　これで小説データを取得する準備ができました。しかし、青空文庫の江戸川＆コナンのそれぞれのページを見てください。それぞれ数十編もの小説が登録されています。

- 青空文庫の江戸川乱歩のページ

　https://www.aozora.gr.jp/index_pages/person1779.html

- 青空文庫のコナン・ドイルのページ

　https://www.aozora.gr.jp/index_pages/person9.html

　zipファイルのURLをコピーしてコードを実行すればいいだけとはいえ、**これだけの数があるとなかなか大変です。白い怪盗の手品のように、鮮やかに盗むトリック**を考えてみましょう。

解凍きっと大丈夫。
鮮やかにzipを盗むトリック

　コナン・ドイルのページから、「赤毛連盟」のzipファイルのURLを探してみてください。「コナン・ドイルの作者のページ」⇒「赤毛連盟の図書カード」⇒「ページ最下部のファイルのダウンロード」のところにあります。

このzipファイルのURLを全ての作品分集めてくれば、コナン・ドイルの全作品のデータが揃うことになります。江戸川乱歩と合わせて100を超える作品のページを見てコピペするのは超大変です。

容疑者A	私はその人が殺された時間には、zipファイルのURLを集める作業をやっていました。私に犯行ができるハズがありません！
おっちゃん	確かに、こんな大変な作業をやっていたあなたに犯行は不可能だ……。
小学生	（おっちゃんをゾウもイチコロ麻酔銃で眠らせて……）
眠ったおっちゃん	……と、見せかけて犯人はあなただ！　あなたはPythonのトリックを使って、一瞬にしてzipファイルのURLを集めてみせたのですっ！

　本書を未読の迷探偵のおっちゃんに対しては**アリバイトリック**として使えるかもしれません。ですが、**生意気な小学生**が一緒にいる場合は注意してください。筆者ならばそもそも**生意気な小学生**を見かけた時点で絶対に近づきたくありません。きっと驚くべき「事件」に巻き込まれてしまいますし、もし「劇場版」で会うことになったらだいたい何か大きな爆発が起きてしまうことでしょう！

　さて、眠ったおっちゃんが見破ったPythonのトリックとは、**スクレイピング**というワザです。さきほど手作業でURLを集めてくる際には、ブラウザ（Chromeなど）を使ってWebページを閲覧して、リンクを辿って、目的の場所を見つけて……と進めていました。

　このブラウザの操作に相当する部分を自動化してデータを集めてくるのが**スクレイピング**です。直接的には自然言語処理とは関係ないのですが、自然言語処理の多くのケースで、Webページ上のテキストデータを扱う場合が多いため、そのデータ収集のために組み合わせて使われることも多いです。

　スクレイピングには、`BeautifulSoup`というライブラリを使います。非常によく使われるため、Colaboratoryでは最初からインストールされています。もしColaboratory以外の環境で実行されている方は、次のコマンドでインストールしてみましょう。

　さっそく、コナン・ドイルのページをスクレイピングして、そこから辿れるリンクの一覧を全て出してみます。Webページ上のリンクは、`<a href="リンク先URL">`というように「a」というタグで表現されているため、「a」タグの情報を取得するコードになります。

BeautifulSoupでリンク情報を取得するサンプル

```
import requests
from bs4 import BeautifulSoup

# Webページを取得して解析する
load_url = "https://www.aozora.gr.jp/index_pages/person9.html"
html = requests.get(load_url)
soup = BeautifulSoup(html.content, "html.parser")

# 全てのaタグを検索して、その文字列を表示する
for element in soup.find_all("a"):
  print(element)
```

出力結果

```
<a name="top"> </a>
<a href="../index.html">トップ</a>
(中略)
<a href="../cards/000009/card8.html">赤毛連盟</a>
<a href="person10.html">大久保 ゆう</a>
<a href="../cards/000009/card43522.html">空家の冒険</a>
(以下略)
```

　各小説の図書カードのURLには、「cards」などの単語が含まれているようですね。取得したURLの中から**正規表現**を使って条件に合うURLを探せばよさそうです。自然言語処理そのものから離れるため以降の説明は割愛します。詳細はコードのコメントをご確認ください。

正規表現とは、**1つの表現で様々な文字列パターンを示す表記方法** のことです。例えば、ウルトラマンタロウ、ウルトラマンゼロ、ウルトラマンオーブ……などをまとめて、ウルトラマンほにゃらら、と表現したいときに、「ウルトラマン.*」と表現します。より発展的な複雑な表現方法の説明は割愛します。

さて、ここまでで**スクレイピング**を活用して、全てのzipファイルのURLを華麗に盗むトリックが出来上がりました。下記のコードを実行してみてください。

江戸川＆コナン全作品のZIP-URLを全て集めるコード

```python
import requests
from bs4 import BeautifulSoup
import re
import urllib.parse

# <a href>タグのリンク先URL（絶対URL）を全て取得する関数
def get_a_href_list_from_url(load_url):
  html = requests.get(load_url)
  soup = BeautifulSoup(html.content, "html.parser")
  result_url_list = []
  for a_element in soup.find_all("a"):
    # 空だった場合は次のエレメントへ継続
    if a_element == None:
      continue
    # 各href属性を取得する
    link_str = a_element.get("href")
    # 空だった場合は次のエレメントへ継続
    if link_str == None:
      continue

    # "../cards/000009/card50713.html" などは
    # 元のURL（load_url）からのリンクとして相対的参照になっているため、
    # 元のURL+相対URLを入れると絶対URLを返してくれるライブラリを使用して加工する
    # urllib.parse.urljoin("http://www.example.com/foo/bar.html",
"../hoge/fuga.html")
    # ⇒ http://www.example.com/hoge/fuga.html
    abs_url = urllib.parse.urljoin(load_url, link_str)
```

```python
        # 取得した絶対URLを結果リストへ追加
        result_url_list.append(abs_url)
    return result_url_list


# 作者ページのURLを入力すると、ページを全探索して
# その作者の作品のzipファイルのURL一覧を返す関数
# 作者ページのURL = "https://www.aozora.gr.jp/index_pages/person9.html" など
def sakusyaurl2zipurllist(sakusya_url):
    # 作者ページから出ている全てのリンク先URLを取得
    url_list_from_sakusya = get_a_href_list_from_url(sakusya_url)

    # 図書カード＝作品ごとのページ、のURLを探す
    # 末尾が、/cards/000009/card50713.html  のような形式になっている
    tosyo_card_url_list = []
    for tosyo_card_url in url_list_from_sakusya:
        # 条件に一致する場合（cardのURLの場合）のみリストに追加
        if re.match(r'.*cards.*card.*\.html', tosyo_card_url):
            tosyo_card_url_list.append(tosyo_card_url)

    # 図書カード＝作品ごとのページ に再度スクレイピングでアクセスして、
    # そのリンク先を全て取得
    # https://www.aozora.gr.jp/cards/000082/files/1293_ruby_5382.zip
    # のように、青空文庫内のzipファイルへのアクセスになっている箇所を取得する
    zip_url_list = []
    for tosyo_card_url in tosyo_card_url_list:
        # 図書カードから出ている全てのリンク先URLを取得
        for zip_url in get_a_href_list_from_url(tosyo_card_url):
            # 条件に一致する場合（zipのURLの場合）のみリストに追加
            if re.match(r'.*aozora.*ruby.*\.zip', zip_url):
                zip_url_list.append( zip_url )

    # 取得したzipファイルの絶対URL一覧を返す
    return zip_url_list


# 江戸川乱歩の全作品のzipファイルのURLリスト
edogawa_zip_list = sakusyaurl2zipurllist("https://www.aozora.gr.jp/
index_pages/person1779.html")
# 実際に取得できたリストを書き出す
print(edogawa_zip_list)
# 取得したリストの個数を書き出す
print(len(edogawa_zip_list))


# コナン・ドイルの全作品のzipファイルのURLリスト
```

```
konan_zip_list = sakusyaurl2zipurllist("https://www.aozora.gr.jp/
index_pages/person9.html")
# 実際に取得できたリストを書き出す
print(konan_zip_list)
# 取得したリストの個数を書き出す
print(len(konan_zip_list))
```

出力結果

（URL が大量に出てきて長いため記載は省略）

　これで LAN 姉ちゃんに渡す zip ファイルの URL が沢山手に入りました。（zip ファイルの）カイトウのために LAN が頑張るなんてバーローって怒られてしまいそうです。

　このコードは、青空文庫の Web ページの構造に依存しており、その Web ページに対する操作を自動化しただけですので、深く理解する必要はありません。Chrome などのウェブブラウザの動きを自動化しているんだなー、程度のイメージを持っていただき、上記を実行して動かせれば十分です。怪盗のように解凍ファイルを盗み出すトリックを堪能しました！

MEMO

　Colaboratory から実行する場合、実際に頑張っているのはあなたの可愛い LAN ちゃんではなくて、Colaboratory と青空文庫のサーバの LAN ちゃんになります。これなら安心ですね！（何が？）

(全小説データの取得＆加工一括処理)

　データを集めてくるための準備が長くて「短気」な皆様へは大変恐縮ではありますが、データを集めたり加工したりするのはもともと一番大変なところなのでございます（開き直り）。

　取得してきた zip ファイルの URL を LAN 姉ちゃんに取ってきてもらって加工します。付録に記載のコードを使えばすぐに作れます。取得した100編以上の小説データはテキストファイルとしてまとめて保存しておきます。

全小説データのダウンロード＆加工＆保存

```
# 江戸川乱歩の全データの取得＆加工
edogawa_all_text = get_all_flat_text_from_zip_list(edogawa_zip_list)
# 得た結果をファイルに書き込む
with open('edogawa_all_text.txt', 'w') as f:
  print(edogawa_all_text, file=f)
  print("★江戸川ALL ファイル出力完了")


# コナン・ドイルの全データの取得＆加工
# ※超例外的に1件だけ別作家の小説をリンク / 紹介しているため、除外
konan_zip_list.remove("https://www.aozora.gr.jp/cards/000082/files/➡
1293_ruby_5382.zip")
konan_all_text = get_all_flat_text_from_zip_list(konan_zip_list)
# 得た結果をファイルに書き込む
with open('konan_all_text.txt', 'w') as f:
  print(konan_all_text, file=f)
  print("★コナンALL ファイル出力完了")


# 江戸川＆コナンの両方の全テキストをつなげたファイルも作っておく
edogawa_konan_all_text = edogawa_all_text + konan_all_text
with open('edogawa_konan_all_text.txt', 'w') as f:
  print(edogawa_konan_all_text, file=f)
  print("★江戸川＆コナンALL ファイル出力完了")
```

　これで、江戸川乱歩全集、コナン・ドイル全集、江戸川＆コナン全集ともいうべき3つのテキストファイルが出来上がりました。

分かち書きを行う関数の実装

　マルコフ連鎖は「単語単位」で文章を出力しよう、というアイデアでした。「ホームズは推理した」を「ホームズ　は　推理した」のように、あらかじめ単語ごとに区切って表現しておく必要があります。このように単語単位で区切った書き方を「**分かち書き**」といいます。

　黒の組織の一員になった気持ちでヤツ（文章）をバラしてしまいましょう。この仕事に成功したあかつきには、正式な組織の一員として、コードネームを差し上げます。「ジン」「ウォッカ」などは既に売り切れていますので、「どぶろく」と「マッコリ」と「第三のビール」の中か

ら選んでください！

　Janomeで形態素解析を行い、出てきた単語ごとにリストに登録する関数を作ります。Janomeのインストールがまだの場合や、Colaboratoryの接続が切れて再インストールが必要な場合は、以下のJanomeのインストールコマンドを先に実行しておいてください。

Janomeのインストールコマンド

```
!pip install janome
```

分かち書きを行う関数

```python
# Janomeのロード
from janome.tokenizer import Tokenizer

# Tokenizerインスタンスの生成
tokenizer = Tokenizer()

# 文章を入れると、単語のリストにする関数
# Janomeの wakati = True オプションを使う方法もあるが、
# これまで使ってきているのと同様の形式で実装
def make_wakati_list(input_str):
  result_list = []
  tokens = tokenizer.tokenize(input_str)
  for token in tokens:
    # 元の単語＋半角スペースを追加しているため、
    # 結果とした、単語の切れ目全てに半角スペースが入る
    result_list.append(token.surface)
  return result_list

print(make_wakati_list("この文章を単語の切れ目で区切ってみよう。"))
```

出力結果

```
['この', '文章', 'を', '単語', 'の', '切れ目', 'で', '区切っ', 'て', 'みよ',
'う', '。']
```

無事バラすことができましたでしょうか？ 「第三のビール」さん、今後ともよろしくお願いします！

マルコフ連鎖の実装

やっと、マルコフ連鎖用のデータを作ることができます。江戸川＆コナン全集を黒の組織の力を使ってバラして、全ての（単語間の）関係性を洗い出すわけですね。まずは実験としてコナン・ドイル全集をバラしてみて、効果を見てから本命の江戸川＆コナン全集をバラすことにします。

マルコフ連鎖は様々な実装例やライブラリもあります。ただ、そこまで複雑な処理ではないため、イチから自分で作ってしまいます。コピペで動かすだけでも十分ですがより深く理解したい方は、コメントを手掛かりに処理内容を推理してみてください。

マルコフ連鎖のデータを生成する

```
%%time

# 元ネタとなる小説のテキストデータと、
# マルコフ連鎖の単語数（チェインナンバー）を入れると、
# マルコフ連鎖用の辞書を作成する関数
def make_markov_dict(input_text_file_path, chain_number):
  # マルコフ連鎖用の辞書
  markov_dict = {}

  # readlinesで、テキストを読み込んで1行ごとにリスト化
  with open(input_text_file_path) as f:
    text_lines = f.readlines()
    # print(text_lines)

  # 1行ごとに処理してマルコフ連鎖用の辞書に追記していく
  for one_line in text_lines:
    # 1行ごとに、改行コードやタブなどを消す（綺麗化前処理）
    one_line = ''.join(one_line.splitlines())
    # 形態素解析して、1行を、単語リストにする
    word_list = make_wakati_list(one_line)
```

```
    # 単語リストの最初と最後に、文頭／文末を示すフラグを追加する
    word_list = ["__BOS__"] +  word_list + ["__EOS__"]

    # 最低でもchain_number+1個の単語が残っている必要があり、
    # word_listの単語数が十分な間は処理を繰り返す
    while len(word_list) > chain_number:
        # 最初の chain_number 個の単語を、辞書に登録する際のキーとする。
        # (辞書のキーとして扱うため、tupleという形式に変換しておく)
        # key = ("__BOF__", "この", "文章") value = "を" のような形で格納される。
        # ループの2回目では、最初の"__BOF__"が削除されて繰り返されるため、
        # key = ("この", "文章", "を") value = "単語" のような形になる。以下同様
        key = tuple( word_list[0 : chain_number] )
        # 次に続く単語は、そのキーの次の単語
        value = word_list[chain_number]
        markov_dict

        # 初回登録の場合、そのkeyに対する空のリストを作る処理
        # 既にそのkeyに対するデータがある場合は何もしない
        markov_dict.setdefault(key, [] )

        # そのkeyに登録されているリストに、今回のvalueを追加する
        markov_dict[key].append(value)

        # リストの最初の単語を削除する
        # ※ここでだんだん単語数が減っていくため、いつかはループ処理を抜ける
        word_list.pop(0)

    # 全ての行を処理し終わったら、完成した辞書データをリターン
    return markov_dict

# コナン・ドイルの全作品からマルコフ連鎖用の辞書データを作成する
konan_markov_dict = make_markov_dict("konan_all_text.txt", 3)
```

実行には1分ほどかかります。1行目の**%%time**は、これを書いておくとかかった時間がわかるようになるものです。

作成したマルコフ連鎖の辞書の中身の確認

```
print(list(konan_markov_dict.items())[0:3])
```

```
[(('__BOS__', '友人', 'シャーロック'), ['・', '・']), (('友人',
'シャーロック', '・'), ['ホームズ', 'ホームズ', 'ホームズ', 'ホームズ', 'ホームズ']),
(('シャーロック', '・', 'ホームズ'), ['を', 'の', 'さん', 'は', 'と', 'は', 'と',
'は', 'は', 'が', 'と', 'の', 'が', 'が', 'の', 'が', '氏', 'に', '先生',
'は', 'は', 'が', 'は', '先生', 'は', 'は', (中略), 'は'])]
```

結果、**直前3つの単語 ⇒ その後の単語候補のリスト**の形の辞書データを得ることができました。

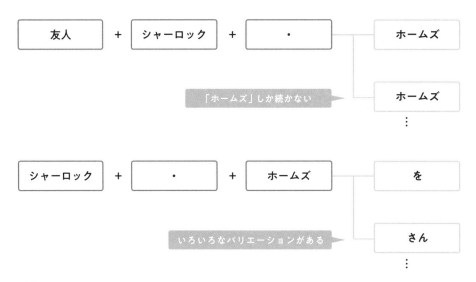

● 単語が連鎖するバリエーション

「友人シャーロック・」まできたら、次につながる単語は5個中5個「ホームズ」で、「シャーロック・ホームズ」に続く単語は沢山バリエーションがあること、などがわかります。この直前N個の単語、のNの部分（chain_number に与える数）を変えると、このあとの結果もかなり変わります。興味のある方は何パターンか試してみてください。

いよいよ文章を生成

　さきほど作ったデータを使って、いよいよ文章を作らせてみます。ランダム性があるため、何度か実行してみるとよいでしょう。

マルコフ連鎖で文章を生成する

```python
import random

# マルコフ連鎖用の辞書と最初のキー候補リストを入れると文章を作る関数
def make_markov_sentence(markov_dict):
  # 出力用の文字列
  output_sentence = ""

  # 最大1万回ランダムに繰り返して冒頭を取得する
  key_list = list(markov_dict.keys())
  for a in range(10000):
    # 最初のキーをランダムに取得する
    key = random.choice(key_list)
    # 文頭のフラグが出るまで繰り返し
    if key[0] == "__BOS__":
      break

  # key(tuple型)を結合して文字列にして追記
  output_sentence += "".join(map(str, key))

  # 最大1万回繰り返し（通常は途中でbreakして終了）
  for a in range(10000):
    # keyに対応するvalue（次の単語候補のリスト）を取得
    value = markov_dict.get(key)
    # 例外処理：もしkeyが辞書に見つからない場合処理終了
    if value == None:
      break

    # 単語のリストから次の単語をランダムに選ぶ
    next_word = random.choice(value)
    # 文章に追記する
    output_sentence += next_word
```

```
    # 文末のフラグが出ていたら終了
    if next_word == "__EOS__":
        break

    # 既存キーの最初を除外して、next_wordをくっつけて新しいkeyに更新する
    # ※tupleの結合処理
    key = key[1:] + (next_word, )

  # 生成された文章を返す
  return output_sentence

# 何回か文章を生成してみる
for a in range(20):
  print(make_markov_sentence(konan_markov_dict))
```

出力結果

（ランダムなので毎回異なります）

__BOS__ こう云っておじさんは又黙って茶を喫んでいた。__EOS__

__BOS__ けれども私は、とても我慢が出来なくなったがほどなくして、部屋の内へ残して来た時、ホームズは➡
ささやいた。__EOS__

__BOS__ 親友は医者と一緒にいて二三の痩せぎすの男で、左利きで、歯が三本、絶えずむき出しになったので、➡
どうも後ろから力づくで無理に引っ込まされた事件で、ロンドンで、どうしてわしにあんないたずらを……もし、➡
もしいたずらとしたら、かえって疑って逃げてしまうじゃありませんよ。」__EOS__

（以下略）

　ここでやっと、最初の無限の猿で出てきたものと同様に、**random.choice**で候補の単語一覧からランダムに1つを選ぶ処理が使われていますね。【全文字からランダムに選ぶ】⇒【全単語からランダムに選ぶ】⇒【元ネタ本で使われている単語N個の組み合わせからランダムに選ぶ】と、進化してきたのでした。

　出力結果を見ていかがでしょうか？　元のシャーロック・ホームズ風の文章が出ていますでしょうか？　**眠りのおっちゃんの周囲の、彼が眠っていることに気づかないくらい鈍い人々**が相手ならば、これは人が書いたものだとあざむけるかもしれません！

MEMO

巷でよく見かけるマルコフ連鎖の実装例は、元ネタとして入れたデータが少なすぎることが多く、元ネタに出てきた文章がそのまま出てきて、「こんなにそれっぽい文が出てきました」と言っている例をよく見かけますのでご注意ください。データ量の少ないマルコフ連鎖は、ランダムによる分岐がほぼないため、元ネタの文をランダムに選んで出しているのと同じになってしまうケースがよくあります。

（ 江戸川＆コナンの合成結果 ）

　最後に「江戸川＆コナン」を対象にして実行してみます。関数として処理を作っているので、下記のように引数を書き換えるだけですぐできますね。江戸川乱歩の作品数が多いため、10〜15分くらい、実行に時間がかかってしまうと思います。でもぜひ最後まで結果を確認してみてください。「遊園地のジェットコースターが大好きな黒ずくめの男」のように、ヤッたと思ったのにヤッていなかった、というような大失敗をしないとも限りませんから……。

「江戸川＆コナン」を対象にして実行

```
# 江戸川＆コナン両先生の全作品からマルコフ連鎖用の辞書データを作成する
edogawa_konan_markov_dict = make_markov_dict("edogawa_konan_all_text.txt", 3)

# 何回か文章を生成してみる
for a in range(20):
  print(make_markov_sentence(edogawa_konan_markov_dict))
```

出力結果

（ご自身で実行してお確かめください）

　江戸川乱歩＆コナン・ドイルの両方の雰囲気を併せ持った、駄文生成器が実装できました。えっ！？　どこを読んでも小さくなった名探偵のことが書かれていない、ですって！？　バーロー、「江戸川」＆「コナン」の小説を生成するってずっと言っているじゃないですか！　もともとこの両巨匠の小説には殺人事件を呼び寄せる小さな死神は出てきませんよ！

ダウンロード対象のURLを書き換えて他の作家の作品に差し替えても楽しいでしょう。全集のテキストファイルを変えて、自身や有名人のブログ記事のデータなどに差し替えても面白いかもしれません。その人の書く文章の雰囲気が出てくるはずです（たぶん）。

せっかく江戸川＆コナンの文章生成器を作ったのに、このようにコードを公開してしまっては「江戸川＆コナンの正体を知る人」が多数発生してしまいますね。あなたもその1人になりました。実は既に10名以上、かなり多くの人が知っているので大丈夫とは思いますが、夜道での「どぶろく」「マッコリ」からの襲撃にはお気をつけくださいませ。

マルコフ連鎖の応用

マルコフ連鎖はこのような素敵な文章を生成するためだけに存在しているものではありません。直接的に同じコードではないのですが自然言語処理以外でも、例えば初期の検索エンジンでページごとの価値を測るシステムや、AlphaGoに代表される強化学習の仕組みなどにおいて、同様の概念が使われていることがあります。

「直前のその場の状態だけで次の行動を決める」というシンプルな方針でそれっぽい動きを実現できる点が本手法の本質的なところです。今回の例で言うと、現在話している直近の数単語だけで次の単語を決めているという部分です。何も考えていない人でも文法的に正しい表現でダラダラと話し続けることは容易、しかし全体の話としての意味を成さない、ということをプログラムで作ってみたのが本章のコード、と考えてもよいかもしれません。

参照文献

● 青空文庫の江戸川乱歩のページ
https://www.aozora.gr.jp/index_pages/person1779.html

● 青空文庫のコナン・ドイルのページ
https://www.aozora.gr.jp/index_pages/person9.html

「？？」ー「群馬」＝「宇都宮」ー「栃木」を機械に求めさせる

「グンマー」

　あなたも一度は聞いたことがあると思います。北関東の最奥にある伝説の魔境、海のない陸の孤島、「生きて帰ったものはいない」と言われる未開の地のことです。

　え、あなたの知っている「群馬」と違うですって？　異世界から転生されてきた方でしょうか？　最近よく見かけるんですよね、そういう方々。以下のスマホアプリを遊ぶとこの世界のグンマーのことをよく理解できると思うのでオススメです。ぜひ検索してみてください。

● 「群馬ファンタジーTRPG」伝説の群馬県からの脱出を目指すダークファンタジーTRPG
● 「ぐんまのやぼう」日本を全て制圧して群馬帝国を作るシミュレーションゲーム

　さて、異世界から来て優秀なチートスキルを持つあなた様ならば、このようにアプリで遊びながら容易にグンマーを理解できます。しかしコンピュータに群馬のことを知ってもらうにはどうすればよいのでしょうか？　「形態素解析」では「群馬県」「栃木県」「埼玉県」「神奈川県」は全て同じ扱いです。

人間が自然言語を操るときには、その高度な背景知識によって各単語にそれぞれの「イメージ」を持っています。「北海道」であれば大きいとか寒いとか海鮮とか……。「北海道」のように大きい、広い、などと会話すれば自然ですが、「埼玉」のように大きい、広い、と話すと異世界転生者だとバレてしまうかもしれません。

　本章では、コンピュータが「群馬」の意味をどう理解しているのかを知って、以下の計算を機械に解かせてみたいと思います。

「？？」－「群馬」＝「宇都宮」－「栃木」

　深淵なるグンマーを「覗く」恐ろしいクイズです。**グンマーを覗くとき、グンマーもまた栃木を覗いているのだ。**異世界の小学生ならば「？？」に入るのは**「前橋」**と答えてくれる気がします。ただし、新幹線の駅を持つ自分たちの町こそがグンマーの中心と思っている「高崎」の小学生以外に限ります。

　小学生にもわかる問題といえど、コンピュータにこの問題が答えられるのでしょうか？　コンピュータにとっては「群馬」と「インド」ですら区別することは至難のワザです。文法的にはどちらも「地名」という程度の分類にしかなりません。ましてや「群馬」と「栃木」は、時に人間ですら東西の位置を間違えてしまうようなライバル同士なのです。

　これから作るのは、コンピュータがこのような「イメージ」や「意味」を扱うことができる革命的な方法です。そして、「？？」－「フランス」＝「東京」－「日本」や、「？？」－「江戸」＝「税金」－「東京」などの別の問題を解かせたりもしてみたいと思います！

Word2Vec とは？

　結論から申し上げますと、コンピュータ上で単語の意味を扱う場合には、単語（Word）をベクトルとして扱う方法が一般的です。「Word2Vec」といいます。

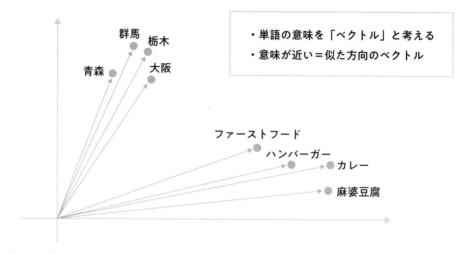

・単語の意味を「ベクトル」と考える
・意味が近い＝似た方向のベクトル

● Word2Vec のイメージ

　機械学習によって大量の文章を読み込ませ、近い意味の単語は近い座標になるように数値として プロットします。図では平面ですが実際は50〜300次元ほどの空間が使われます。意味を 上手にプロットできると、お互いの位置関係から以下のようなベクトルの計算ができるのです。

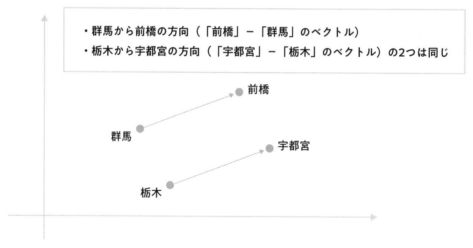

・群馬から前橋の方向（「前橋」－「群馬」のベクトル）
・栃木から宇都宮の方向（「宇都宮」－「栃木」のベクトル）の2つは同じ

● ベクトルの計算のイメージ

　「あー、単語をベクトルとして扱うってことね、完全に理解した！」という方も、「ちょっと 難しいな」という方も、とりあえず動かしながら、この仕組みを見ていきましょう。

学習済みモデルの入手

機械学習において、**入力値を受け取り、何かの計算や評価をして、出力値を出すモノのこと**を「**モデル**」と呼びます。「お手！」と言ったら手を出すように犬を訓練するのと同じで、入力値に対してどう出力すればよいのか「学習」を繰り返すことで、モデルの精度を上げることができます。

さて、人間によっては「カレー」が「飲み物」に分類されることがあるようですね。同様に、各単語の数値はモデルごとに大きく異なり、どのような文章をどのように学習させたか、に左右されます。

本章では既に機械学習を完了させている、作成済みの「Word2Vecの学習済みモデル」をダウンロードしてきて、まずその使い方を見ることにします（後ほど別の章で、好きな文章を使って自分で学習をさせ、オリジナルモデルを作る方法も実施します。お楽しみに！）。

まずGoogleDriveをマウントしてください（GoogleDriveマウントの詳細は第1章をご参照ください）。

GoogleDriveのマウントコマンド

```
from google.colab import drive
drive.mount('/content/drive')
```

次に以下のコマンドで、筆者が用意した学習済みモデルをダウンロードし（無料）、Google DriveにKITERETUというフォルダを作って保存します。

モデルファイルのダウンロード

```
# KITERETUフォルダをマウントしたGoogleDriveフォルダ (MyDrive) 内に作成する
!mkdir -p /content/drive/MyDrive/KITERETU
# Word2Vecの学習済みモデルをそのフォルダにダウンロードする（3ファイルで1セット：400MB弱ほど）
!curl -o /content/drive/MyDrive/KITERETU/gw2v160.model https://storage.
googleapis.com/nlp_youwht/w2v/gw2v160.model
```

```
!curl -o /content/drive/MyDrive/KITERETU/gw2v160.model.trainables.syn1neg.
npy https://storage.googleapis.com/nlp_youwht/w2v/gw2v160.model.trainables.
syn1neg.npy
!curl -o /content/drive/MyDrive/KITERETU/gw2v160.model.wv.vectors.npy
https://storage.googleapis.com/nlp_youwht/w2v/gw2v160.model.wv.vectors.npy
```

　上記のダウンロードコマンドを1回でも実行済みであれば、ダウンロードしたファイルは既にGoogleDrive内に保存されているため、Colaboratoryのセッションが切れたあとでも再実行不要です。

「群馬」に似ている単語は？

　モデルファイルを読み込み、異界の地「群馬」と近い単語を眺めてみます。以下のコードを実行してください。

モデルのロードと使い方

```
from gensim.models.word2vec import Word2Vec

# 学習済みモデルのロード
model_file_path = '/content/drive/MyDrive/KITERETU/gw2v160.model'
model = Word2Vec.load(model_file_path)

# モデル内に登録されている単語リストの長さをlen関数で見る（＝単語数）
print(len(model.wv.vocab.keys()))

# 「群馬」に似ている単語TOP7を書き出す
out = model.wv.most_similar(positive=[u'群馬'], topn=7)
print(out)
```

出力結果

```
293753
[('群馬県', 0.7760873436927795), ('栃木', 0.74561607837677),
('前橋', 0.7389767169952393), ('埼玉', 0.7216979265213013),
```

```
('高崎', 0.6891007423400879), ('伊勢崎', 0.6693984866142273),
('茨城', 0.6651454567909241)]
```

MEMO

u'群馬'の冒頭のuは、この文字列がUTF-8で書かれていることを明言したもので、これを消しても基本的には同じ動作をします。また、ここではpositiveに群馬を入れていますね。群馬だから能天気でポジティブというわけではなく、ここでは単純に「プラス」として扱うという程度の意味です。あとでnegativeも出てきます。

今回ダウンロードしてきたモデルには、約29万語ほどの単語が登録されており、そのうち「群馬」に近いものは「群馬県」「栃木」「前橋」「埼玉」「高崎」「伊勢崎」「茨城」などであった、という結果になります。

「群馬」という単語が使われている文章をいろいろ想像してみてください。その「群馬」の箇所を何かの単語で差し替えることにします。29万語のうち、意味上の変化が最も少ない単語TOP7がこの7つであった、ということです。後ろの数字はその類似度を示しており、1.0を最大としてどれくらい似ているかを示しています。

この学習モデルはWikipediaのデータを学習させて作ったモデルです。私の世界のグンマーとは違う、まだ**セカンドインパクト**が起きていない並行世界のデータのようですね。

「カレー」に似ている単語は？

もう1つやってみましょうか。今度は「カレー」です。

カレーに似た単語を表示する

```
out = model.wv.most_similar(positive=[u'カレー'], topn=7)
print(out)
```

出力結果

```
[('カレーライス', 0.7166545987129211),
 ('ハヤシライス', 0.6706688404083252),
 ('ギョーザ', 0.6535394191741943),
 ('ラーメン', 0.6520115137100022),
 ('焼き蕎麦', 0.6507507562637329),
 ('ブイヤベース', 0.6458899974822998),
 ('オムライス', 0.6456515789031982)]
```

「**店主、ちょっと聞くが、これは本物のカレーか？**」とか言っている世界の人に見せるとキレられそうな結果になりました。「スパイス」は微塵も登場してきません。

「**おれが本物のカレーを食べさせてやりますよ**」と、究極のカレーを求める戦いが始まりそうです。

　一方で、「ハヤシライス」「ギョーザ」「ラーメン」など、何となくカレーと同じ方向性のメニューが挙がっている、と思う人もいるのではないでしょうか。人間に対して「カレーと似た単語って何？」と問いかけても、1000人に聞けば1000人なりの回答が返ってきてしまうでしょう。人間は「これまでの経験」をもとに回答します。機械は「このモデルが学習した大量の文章」によって回答します。

「**このモデルを作ったのは誰だぁっ！！**」とか聞かれましても、Wikipediaのデータを用いており、某グルメ漫画を学習させたものではないのです。このように単語の持つ意味は、学習に用いたデータの内容によって性質が大きく異なるのです！

（発展的寄り道）群馬の中身を見る

　Word2Vecの学習済みモデルの中で、「群馬」や「カレー」などの単語データはどのような形で扱われていて、どのようにして「似ている」と判断しているのでしょうか？

　その答えは、次のコマンドで見ることができます。

群馬の中身を見る

```
print(model.wv[u'群馬'])
```

出力結果

```
[ 4.2422915    0.27377108   2.51553     -2.0412977    0.54726774 -0.09492437
  1.4120865    0.15056664   1.868154    -0.82946914  -2.3557978   4.6696243
 -3.9061854    3.4738815    1.4537983    0.5705613   -0.8378857  -5.43336
 -0.85823226   0.9265022   -3.7991753   -1.4526445   -3.7220228   1.1915207
  2.0326457   -0.90013945   2.9068265   -1.3539135    0.7292309  -0.34730366
 -2.0714579   -2.8558996    2.2566583   -0.12137131   4.819004    1.6881152
  2.796228    -0.61515385   0.6729764   -4.3078012    4.1530824   1.2621291
 -2.696101    -1.5939671   -1.7485062   -2.6888402   -3.5065968   0.1406537
  2.512527     0.9739599    1.272834     5.602647     0.6786372   0.38951224
 -0.7604451    2.120089    -4.308792    -2.5173967    1.0616564  -2.7074466
 -1.4338574    2.2432249   -0.23879015   3.2831643    0.08869346  3.6624124
 -1.1375351    2.4365537   -0.7146723    1.4951534   -0.40918884 -1.6129446
  0.14533193  -1.0891074   -3.0838728    1.8646362    0.5423442   1.5790257
 -2.8261366   -1.4483175    0.6069773   -2.4653132   -0.5494073  -1.9137746
 -0.3572741   -1.2155455   -3.2895994   -0.20503922   0.97172445 -2.579692
 -0.15547913  -1.2495776   -1.5572785   -0.02728371  -0.43851167 -0.27840123
 -2.8405478    0.2006971   -1.4040825   -1.4764801    0.9429404   1.4788917
  0.08491302  -2.432999    -3.1933367   -1.1944622    3.2968638  -0.20673297
  1.6269764    2.8694484   -1.6561449    0.68467456  -0.6033949  -2.6223822
 -2.2336333   -2.4349635   -0.97431976   0.95811045   2.0544965   2.077914
 -1.2048156   -1.4104863    4.096328    -0.5932494   -1.5620724   3.59603
  0.01023742   1.7705898   -3.8168137   -0.97315437   0.1781977   1.1770334
 -2.5343838    0.23434056  -1.1919469    0.7317758    0.03710952  2.0216126
  0.5811609    1.6178602   -0.7121842   -0.19594982  -0.5529003   0.62868845
 -2.4013534   -1.7821754    2.0707784    0.9138373   -2.0583932   2.3291535
 -3.9951007    3.570585    -0.90359753   2.544478     0.6980803   3.1440418
  0.56930906   3.2954435   -0.58187264  -1.4343321  ]
```

　ずらっと160個の数字の羅列が表示されました。これぞグンマーの秘宝を示す暗号なのでしょうか？　いや実は学習済みモデル内の各単語データは、このような160個の数字＝160次元のベクトルとして表現されているのです。

各数字はナニカの観点を示しています。それがどんな観点なのかは機械にしかわかりません。ただ、各数字の違いが少なければ意味の違いも少ないということになります。

　ベクトル同士が近い方向を示すものかどうかの指標として、「コサイン類似度」という値があり、単語同士の「似ている度合い」はこの「コサイン類似度」を計算することによって判断しています。計算自体はライブラリがやってくれますので、「コサイン類似度」とは何かを覚える必要も気にする必要もありません。

　つまり「最も似ている」を出力するのに使っている `.wv.most_similar` という処理の正体は、あるベクトルに対して最もコサイン類似度が近いベクトルを出してね、という処理だったのでした。

（「？？」－「群馬」＝「宇都宮」－「栃木」）

　単語の意味を「矢印」＝「ベクトル」で表現できるととても嬉しいことが1つあります。それは**「ベクトル同士は足し算や引き算ができる」**ということです。

　さきほどは「群馬」や「カレー」などの1つの単語に対して、それに近い意味を持つ単語を出しましたが、**意味を足し算・引き算した結果に対して近い意味を持つ単語を出すこともできる**のです！

　いよいよ、以下の「？？」に当てはまるものを機械に聞いてみましょう。

> 「？？」－「群馬」＝「宇都宮」－「栃木」

　この式は、超高等数学テクニックを駆使すると、以下に変形できますね。

> 「？？」＝「宇都宮」－「栃木」＋「群馬」

この式の右辺を元に、さきほどの.wv.most_similarの引数として、positiveにプラスとする単語、negativeにマイナスとする単語を入れるだけで、「ベクトル同士の足し算・引き算の結果に最も似ている単語」を出力してくれます。

「宇都宮」ー「栃木」＋「群馬」を求める

```
out = model.wv.most_similar(positive=[u'宇都宮', u'群馬'],
negative=[u'栃木'], topn=7)
print(out)
```

出力結果

```
[('前橋', 0.7003206014633179),
 ('高崎', 0.6781094074249268),
 ('上野', 0.6506083607673645),
 ('伊勢崎', 0.6436746120452881),
 ('館林', 0.6416027545928955),
 ('群馬県', 0.5982699990272522),
 ('川越', 0.5848405361175537)]
```

さあ、見事「前橋」が最も似ていると出てきました。高崎市民の皆様は残念でしたね。また、「上野」が出ている理由はおそらく、動物園のある東京の「上野」が前橋と近いわけではなくて、群馬の旧国名の「上野国（こうずけのくに）」が原因です。「上野」という単語と「群馬」との関係性が高いと評価されたのでしょう。「伊勢崎」や「館林」も群馬の地名ですが、「川越」は埼玉なのでこちらは誤解されていますね。

別のパターンも実験してみましょう。

「？？」ー「フランス」＝「東京」ー「日本」

の「？？」に当てはまる単語は何でしょうか？　ヒントは、おせんべいを食べるときの音に似ているあの……。

「東京」－「日本」＋「フランス」

```
out = model.wv.most_similar(positive=[u'東京', u'フランス'],
negative=[u'日本'], topn=7)
print(out)
```

出力結果

```
[('パリ', 0.7772352695465088),
 ('リヨン', 0.667975902557373),
 ('マルセイユ', 0.6568866968154907),
 ('トゥールーズ', 0.6452572345733643),
 ('ストラスブール', 0.6431781649589539),
 ('ルーアン', 0.6306051015853882),
 ('アルジェ', 0.6139704585075378)]
```

　はい、見事に「パリ」が出てきました。もう地名はあきた、ですって？　では次は秋田を……ではなくて、ちょっと趣向を変えて時代を逆行するクイズにしてみましょう。

「？？」－「江戸」＝「税金」－「東京」

　上の「？？」に当てはまる単語は何でしょうか？

「税金」－「東京」＋「江戸」

```
out = model.wv.most_similar(positive=[u'税金', u'江戸'],
negative=[u'東京'], topn=7)
print(out)
```

出力結果

```
[('年貢', 0.5987992882728577),
 ('税', 0.5629068613052368),
 ('租税', 0.5464857816696167),
 ('人頭税', 0.5354717969894409),
 ('課税', 0.5276181697845459),
 ('貢租', 0.5268974304199219),
 ('地税', 0.525383710861206)]
```

江戸時代だとやっぱり「年貢」です。

うわっ……私の年貢、高すぎ……？

なんて江戸時代の庶民も嘆いていたかもしれないですね。

　Word2Vecを使えばこれらの例のように、「日本」を「フランス」に置き換えた異世界においては各単語がどう変わるのか、「東京」を「江戸」に置き換えた異世界においては各単語がどう変わるのか、を計算することができるのです。異世界転生がはかどりそうです。さあご自身でも好きな単語を入れてみてWord2Vecの世界を楽しんでみてください！

（発展）Word2Vecの誤解しやすい点

　今回の例では、

> 「前橋」−「群馬」＝「宇都宮」−「栃木」

という意味上の引き算を扱いました。この引き算の意味するところは、群馬にとっての前橋の意味、栃木にとっての宇都宮の意味、ということですので「県庁所在地」的なことになります。

　しかし実は、「前橋」−「群馬」や、「宇都宮」−「栃木」を計算させても、「県庁」などの単語は全く出てきません。

「前橋」－「群馬」、「宇都宮」－「栃木」

```
out = model.wv.most_similar(positive=[u'前橋'], negative=[u'群馬'], topn=7)
print(out)
out = model.wv.most_similar(positive=[u'宇都宮'], negative=[u'栃木'], topn=7)
print(out)
```

出力結果

```
[('荒町', 0.35945919156074524),
 ('ツァイル', 0.35932156443595886),
 ('金融街', 0.3500640094280243),
 ('リーニエンヴァル', 0.34709176421165466),
 ('城下町', 0.33925697207450867),
 ('プリンツィパルマルクト', 0.3359150290489197),
 ('ドーディコ', 0.3354526162147522)]
[('大友', 0.43569180369377136),
 ('義豊', 0.4274987280368805),
 ('北条', 0.4223717451095581),
 ('多功', 0.4213789105415344),
 ('蘆名', 0.419045090675354),
 ('当城', 0.4179602265357971),
 ('上杉', 0.41740721464157104)]
```

意味不明です。よくわからない単語になっています。

　実は「前橋」も「群馬」も、固有名詞でかつ日本の地名で、どちらも非常に似た概念なのです。約30万語ある単語の全体から見れば、超近い2つの単語同士を引き算しているため、綺麗に「県庁」が出るなんてことはないのですね。

　「カレーライス」から「カレー」を引いても「ライス」にはならないということでもあります。

「カレーライス」－「カレー」

```
out = model.wv.most_similar(positive=[u'カレーライス'], negative=[u'カレー'],
topn=7)
print(out)
```

```
[('座棺', 0.3411228656768799),
 ('七厘', 0.33889569004411316),
 ('秋夕', 0.33209744095802307),
 ('無文', 0.3278311491012573),
 ('食事時間', 0.3257192373275757),
 ('オールドファン', 0.323158860206604),
 ('最敬礼', 0.3195679187774658)]
```

こちらも同様に意味不明な結果が出ました。

　人間の直感的な感覚はうまくできていて、「カレーライス」から「カレー」を引くと「ライス」が残るのですが、機械にそんな融通は利きません。その単語のあらゆる意味や概念を引き算することになるため、「食品」－「食品」という計算になり、「ライス」からは程遠い結果になる、とイメージすればよいでしょう。

　例で挙げた県庁所在地の計算は、「宇都宮」－「栃木」＋「群馬」で、「地名」－「地名」＋「地名」という計算になり、「地名」が1個分残るためにうまくいっていたのです。この部分が人間的直感の足し算引き算と異なる箇所ですので、意識しておくと異世界言葉遊びがはかどるでしょう！！

両親の名前の漢字を足し算して、子供を命名する AI を作る

皆様、長らくお待たせしました！！
「小学生の恋愛にありがちなことランキング」の発表です！！

- 消しゴムに好きな子の名前を書くなどのおまじないを本気でやる
- 周囲に好きな子がバレて、クラスメートがはやし立てる
- 好きな子の前でわざとふざける
- 好きな子の苗字に自分の名前をつけてみる
- 好きな子と同じ係になるために必死になる
- ・・・以下略・・・

甘酸っぱく微笑ましいメンバーが揃っていますね。今回は童心を忘れないように、

好きな子の苗字に自分の名前をつけてみる

をさらに一歩進めてみる遊びをしましょう。ズバリ、**さらにそのあと子供ができたときにどんな名前にするのかを占う**、という遊びです。妄想するだけでは童心というより変態っぽいので、大人の遊びとしては、きちんとその「根拠」を提示することが重要です。昨今流行の「AI」を作ってコンピュータに子供の名前を予想させてみた、なんてのはどうでしょう？

「〇〇さん／くん／ちゃん、君と私との子供の名前をAIに予想させてみたら△△になったんだよ！」

　……なんて話しかければ素敵な会話のきっかけになるかもしれないですね。ただし、筆者はその会話の成果を一切保証いたしません。「成果」というか「事案」になる可能性も十分ございますので、よくよくご注意ください。

　既に結婚なさっている場合は、今後子供を名付ける際のヒントになるかもしれませんし、既に子供もいる場合は、どの程度近い名前が出てくるか興味深いところであります。一度作ったAIは他の人の名前で予想してみることもできますので、ご友人や有名人の名前などで試すのも面白いかもしれません。恥ずかしがりやでなかなか画面の中から出てこないタイプの「嫁」との子供の名前を考えるのにもピッタリです！

　というわけで本章では**「両親の名前を入れるとそれに近い子供の名前の候補を出すAI」**を作ってみたいと思います。さらにこのAIの性能を「国民的超有名家族」の名前を使って試してみましょう。

AIの作成方針

　AIの作成＆使い方の方針は下記の3ステップです。

❶ 大量のテキストデータを用意する。

❷ そのデータから、AIに「漢字の意味」を学習させる。

❸ 両親の名前の漢字を入力すると、AIがその意味の中間的な意味を持つ漢字を答えてくれる。
　　⇒まさに2人の愛の結晶（違）

大量のテキスト　　　　　　　AI

「伸」の意味は……

「静」の意味は……

「伸」と「静」の真ん中の
意味を持つ漢字が
「愛の結晶」の名前！？

● 2人の愛の結晶

　❶の学習データは（ある程度大きい文字量があれば）好きなデータが使えますので、**夏目漱石の全小説データを学ばせたAIに名付けてもらう**、などが実施可能です。青空文庫から小説データを一括ダウンロードする方法を付録に載せておりますので、文豪好きの方はぜひそちらもチャレンジしてみてくださいませ。

　❷で学習させるAIは、実は第5章で出てきたWord2Vecの「1文字バージョン」です。Word（単語）ではなくCharacter（文字）なので、**Char2Vec**と呼ばれます。アルファベットで作ってもあまり意味がありませんので、**漢字文化ならではのAI**と言えるでしょう。Word2Vecの詳細については第5章をご参照ください。第5章では、既に学習済みのAI＝モデルをダウンロードしてきて使いました。本章では、機械学習をする段階からご自身の手で作っていただきます！

　……って**そんなこと面倒だからやってられねーっ**、ですって？　さすがです。「怠惰」なことはプログラマーの三大美徳の1つでしたね。そんな1000人に1人の逸材のために、サクッと機械学習ができるデータ＆手順をご用意してございます。あとでご自身で準備したデータと入れ替えることも可能ですので、まずは準備済みの手順で楽々AIを作ってしまってくださいませ。

　❸では、機械学習で作成したモデルに、漢字の意味をたずねる処理を作ります。2人の愛の結晶については、やはり両親とのつながりというか、両親から受け継いだものを持たせてやりたいものです。両親の名前の漢字の意味を融合して、その真ん中の意味を持つ漢字を選ぶ、という**ロマンチックな決め方**を実装したいと思います。愛する人が2次元空間にいる方でも、次元を超えた結合処理が作れますね！

❶大量のテキストデータを用意する

　大量のテキストデータを用意する際には、Wikipediaやlivedoorニュースコーパスなどが無料で入手でき、よく用いられます。しかし、例えばWikipediaでは数ギガほどのデータがありちょっと重すぎます。また、フォーマットも独特で何ステップかの加工をしないと使えません。そこで「怠惰」な皆様のために、ランダムに記事を選んで100MBほどの扱いやすいサイズの単純なテキストデータに加工したデータをご用意させていただきました。今回はこの100MBほどの単純テキストデータを、学習用の元データとしてみましょう。

　データをダウンロードするため、まずはGoogleDriveのマウントを行います。

GoogleDriveのマウントコマンド

```
from google.colab import drive
drive.mount('/content/drive')
```

100MBの単純テキストデータのダウンロード

```
# ダウンロード用のフォルダを作成
!mkdir -p /content/drive/MyDrive/KITERETU
# 100MBの単純テキストデータのダウンロード
!curl -o /content/drive/MyDrive/KITERETU/text8ja42.txt
https://storage.googleapis.com/nlp_youwht/text8/text8ja42.txt

# ランダムに生成しているため、何パターンか準備してあります。
# データを変更して試したい方は以下をご使用ください。
# !curl -o /content/drive/MyDrive/KITERETU/text8ja75.txt
https://storage.googleapis.com/nlp_youwht/text8/text8ja75.txt
# !curl -o /content/drive/MyDrive/KITERETU/text8ja97.txt
https://storage.googleapis.com/nlp_youwht/text8/text8ja97.txt
```

　どんなテキストデータなのか、冒頭の数文字を読んでみましょう。

```
# -c バイト数 （表示するバイト数を指定します）
!head -c 80 "/content/drive/MyDrive/KITERETU/text8ja42.txt"
```

head はファイルの冒頭部分を見る Linux コマンドです。Colaboratory 上では「**!**」をつけると Linux コマンドが実行できることを思い出してください。

出力結果

第8回ナショナル・ボード・オブ・レビュー賞は、1936年12月1

このようにただの文字列データがずーっと 100MB 分格納されているファイルになっています。

MEMO

もちろん用意されているデータを使わずにご自身で Wikipedia の全データを加工して同様の単純文字列データにして用いていただいても構いませんし、ご自身の大作小説を使う、青空文庫から江戸川乱歩の全小説データを使う、など使用するテキストは自由に変更していただいて構いません。ただし、機械学習を行うためにある程度の分量がないと精度が悪くなります。なお、筆者が用意したランダム100MB のデータと同様のデータの作り方については、章末の「参考文献」に記載の **ja.text8** をご参照ください。

❷ AI に「漢字の意味」を学習させる

ではここから AI を作って漢字の意味を学習させましょう。まずは小学1年生で習う漢字から。しかし、「一」は最小の正の整数で乗算の単位元を意味します……、などと1個ずつ学習させたら大変なことになってしまいますね。

テキストデータを与えると Word2Vec のモデルを作ってくれる **gensim** というライブラリがあるので、それを活用しましょう。

もともと英語を想定しているライブラリなので、単語同士が半角スペースで区切られていることを前提として動きます。今回は日本語の「文字＝漢字」単位で学習させたいため、まず全ての文字同士の間を半角スペースで区切るように、データを加工します。

全ての文字の間に半角スペースを入れる加工処理

```
%%time
import codecs
input_file_path = "/content/drive/MyDrive/KITERETU/text8ja42.txt"
output_file_path = "/content/drive/MyDrive/KITERETU/tmp_1kugiri.txt"

with codecs.open(input_file_path,"r", "utf-8") as f:
  for line in f.readlines():
    # 文字列を、1文字ごとのリストに変える（半角スペースは除く）
    chars = [c for c in line if c != u' ']
    with codecs.open(output_file_path,"a", "utf-8") as new_f:
      # リストの文字を半角スペースでつなげた文字列にする
      new_f.write(u' '.join(chars))
```

%%timeは、冒頭に書いておくと、そのセルの実行時間を表示してくれる便利コマンドです。今回は20秒以下で区切り終わると思います。それでは作成した区切り後のテキストの中身を見てみます。

作成したデータの冒頭部分を読んでみる

```
!head -c 80  "/content/drive/MyDrive/KITERETU/tmp_1kugiri.txt"
```

出力結果

第 8 回 ナ シ ョ ナ ル ・ ボ ー ド ・ オ ブ ・ レ ビ ュ ー

見事に文字同士の間に半角スペース（スキマ）が入っていることがわかりました！

　ではいよいよ、機械学習を行い、あなただけのAIモデルを作成してみましょう！　先ほど作成した1文字ごとに区切ったテキストデータと、パラメータとしていくつかの設定値を指定するだけで、1行分のコマンドで実行できます。

Char2Vecモデルの作成

```
%%time
import logging
from gensim.models import word2vec

logging.basicConfig(format='%(asctime)s : %(levelname)s : %(message)s',
level=logging.INFO)

# 1文字ごとに区切ったテキストデータを指定する
sentences = word2vec.Text8Corpus("/content/drive/MyDrive/KITERETU/
tmp_1kugiri.txt")

# Word2Vecの学習実施
model = word2vec.Word2Vec(sentences,
                          size = 60,
                          min_count = 5,
                          window = 30,
                          iter = 10)

# できたモデルを保存する
model.save("/content/drive/MyDrive/KITERETU/c2v.model")
```

　実行してみると、途中経過を表すログがバーッと出てくると思います。データ量や設定をかなり軽いものにしているとはいえ、上記の実行にはそこそこ時間がかかります。20分程度でしょうか※。光の国から来た巨人族の読者様がいたら大変申し訳ありません。

※注：2023年2月時点ではColaboratoryがアップデートされた影響で、本文の記載と異なり70分程度の時間がかかる場合があります（環境によって異なります）。Colaboratoryは90分間操作がないとセッションが切れてしまうので、稀にマウスを動かすなど様子を見てください。

引数として与えているパラメータは特に覚える必要はありません。ご参考までに、`size`は、作るモデルの次元数、`min_count`はゴミの排除用にその個数未満の数しか出現しないWordは無視するという設定値、`window`はあるWordの近隣にあるいくつのWordを学習の対象とするかを示す値、`iter`は学習を何回繰り返し実行するかの設定値、です。細かい説明は割愛させていただきますが、他にも様々なパラメータが指定でき、ご自身でいろいろ変えて実行すると面白いと思います。

なんてMEMOを読んでいる間に20分が経過しましたね（！？）。皆様のお手元でもモデルができたでしょうか。AIの学習結果を確認してみることにしましょう。やることは第5章のWord2Vecの使い方と全く同じです。ただ、入力するものが「1文字」になっているだけです。

できたモデルの内容を確認してみる

```
from gensim.models import word2vec

# 保存したモデルファイルの読み込み
model = word2vec.Word2Vec.load("/content/drive/MyDrive/KITERETU/c2v.model")

# 出てきたモデルの確認
out = model.wv.most_similar(positive = [u'山'], topn=7)
print(out)
out = model.wv.most_similar(positive = [u'三'], topn=7)
print(out)
out = model.wv.most_similar(positive = [u'学'], topn=7)
print(out)
out = model.wv.most_similar(positive = [u'電'], topn=7)
print(out)
out = model.wv.most_similar(positive = [u'親'], topn=7)
print(out)
```

出力結果

（主要部抜粋）

```
[('里', 0.7342755794525146),
 ('峰', 0.7108849287033081),
 ('津', 0.7099183797836304),
 ('麓', 0.7025946378707886),
```

```
 ('坂', 0.6964269876480103),
 ('岳', 0.679838240146637),
 ('淵', 0.6728938817977905)]
[('五', 0.8692444562911987),
 ('四', 0.8671764731407166),
 ('六', 0.8478909730911255),
 ('七', 0.8360545635223389),
 ('八', 0.7991259098052979),
 ('二', 0.7825562953948975),
 ('十', 0.7305138111114502)]
[('學', 0.566337525844574),
 ('塾', 0.5169039368629456),
 ('師', 0.5002320408821106),
 ('授', 0.4939683973789215),
 ('諭', 0.4812568426132202),
 ('科', 0.4720153212547302),
 ('偉', 0.4712100625038147)]
[('磁', 0.6411008834838867),
 ('蒸', 0.6361919641494751),
 ('沸', 0.5639399290084839),
 ('炉', 0.559901237487793),
 ('波', 0.47692275047302246),
 ('軌', 0.47423070669174194),
 ('量', 0.47202226519584656)]
[('父', 0.8244483470916748),
 ('母', 0.802649736404419),
 ('娘', 0.7914265394210815),
 ('妻', 0.763821005821228),
 ('兄', 0.7540435194969177),
 ('弟', 0.7512251138687134),
 ('戚', 0.7476943731307983)]
```

　いかがでしょうか、生成されるモデルは乱数要素があるため、皆様のお手元の状態とは多少結果が異なるかもしれません。

　「山」は「里」や「峰」「麓」などが似ていると出ており、「三」は他の漢数字たち、「学」は「學」「塾」「師」など、「電」は「磁」「蒸」など、「親」は「父」「母」などがそれぞれ似ていると出ています。あなたの可愛いAIちゃんは自分でこれらの漢字の意味が似ているということを学んだのです！

（ご参考）AIが学習する原理の超概要

　今回のAIが学習する原理は雑に言うと、大量の文章を見て「近い場所で出てくるWord（本章では文字）は近い意味を持つに違いない」「入れ替えて文章が成立するWordは近い意味を持つに違いない」という学びを延々と繰り返し、経験値を高めていくというものです。

　青のタヌキ、緑のタヌキ、という2つの言葉が文章中にあれば、「青」と「緑」は入れ替えても成立するため、その2つは似たような意味らしいゾ、と覚えていく感じです。「ぼくはタヌキじゃなくてネコ型！」と怒られると、タヌキとネコは似たような意味らしいぞ、とも覚えられます。もちろん、タヌキとネコは違う動物ですし、そもそも「緑のタヌキ」は天ぷらそばを思い浮かべてしまいますが、「大量の文章」で繰り返すことで、だんだん正しい理解となっていくというわけです。

タヌキとキツネは〜〜〜〜〜〜〜
タヌキはキツネに対して〜〜〜

近い場所で出てくる「タヌキ」と「キツネ」は意味が近そうだ

青のタヌキ〜〜〜〜〜で、
緑のタヌキは〜〜〜〜〜

入れ替えても文章が成立しそうな「青」と「緑」も近そうだ

● AIは文章をもとに学習する

　自分の知らない外国語の文章を、延々と暗闇で聞き続けることを想像してみてください。ただし、単語の境目だけはわかることとします。通常人間が言葉を覚える場合、その単語が出てくる状況やシーンと紐づけて意味を覚えていきます。それができないのではいつまで経ってもその外国語を理解できる気がしません。しかし、記憶力の良い人が100年くらい聞き続ければ、「どうもあの語とあの語はよく一緒に使われているし近い意味なんじゃないか？」と類推することはできるでしょう。今回のAIが学習していることはそんな感じです。実際に「三」「学」「親」などの意味がわかっているわけではありません。

❸ AIに命名させてみる

　では、いよいよできたAIを使って命名してみましょう。positive =の部分にカップルから取得した2つの名前の漢字を入れるだけです。なお、結果は皆様のお手元のモデルによって少しずつ異なります。

2つの漢字の融合結果を見る

```python
from gensim.models import word2vec

def make_name(model, char1, char2):
  out = model.wv.most_similar(positive = [char1,char2], topn=7)
  print(char1 + "+" + char2)
  print(out)

# 保存したモデルファイルの読み込み
model = word2vec.Word2Vec.load("/content/drive/MyDrive/KITERETU/c2v.model")

make_name(model, '雅','美')
make_name(model, '洋','千')
make_name(model, '隆','菜')
make_name(model, '治','恵')
make_name(model, '昌','杏')
```

出力結果

(主要部抜粋)

```
雅+美
[('彦', 0.8117052316665649), ('哉', 0.8056563138961792), →
('薫', 0.7833728194236755), ('也', 0.767829954624176), →
('井', 0.7673226594924927), ('澤', 0.755534827709198), →
('郁', 0.7430843710899353)]
洋+千
[('斗', 0.6234278678894043), ('樋', 0.5682663917541504), →
('沢', 0.5638206005096436), ('稔', 0.5583163499832153), →
('龍', 0.5568094253540039), ('里', 0.5500779151916504), →
('浩', 0.5476636290550232)]
```

```
隆＋菜
[('佑', 0.7036625742912292), ('彦', 0.6853731870651245),
('雅', 0.6809210777282715), ('淳', 0.67571711540022217),
('俊', 0.6741607189178467), ('雄', 0.6717854738235474),
('梶', 0.6706382036209106)]
治＋恵
[('孝', 0.6288518309593201), ('智', 0.6260654926300049),
('聡', 0.6227281093597412), ('吉', 0.6029174327850342),
('昌', 0.596280574798584), ('寛', 0.5848356485366821),
('嘉', 0.564630389213562)]
昌＋杏
[('淳', 0.8224331140518188), ('晃', 0.7880880832672119),
('孝', 0.7678377032279968), ('吾', 0.7607494592666626),
('聡', 0.7506293058395386), ('芳', 0.7505753040313721),
('悦', 0.7352988719940186)]
```

　皆様の身近な人の名前でやってみると、もしかしたら「当たる」かもしれず面白いのでぜひお試しください。兄弟姉妹などで似た意味の漢字が使われていることも多いため、組み合わせによっては兄弟姉妹両方の漢字が出ることもあるようです。

国民的有名家族の名前を計算する

　ダメ元で、**某国民的有名家族**の名前でやってみましょう。漢字表記は正式な設定ではないのですが、栄螺（サザエ）と鱒男（マスオ）、波平と船（フネ）は何が出てくるのでしょうか!?

某国民的有名家族で計算

```
make_name(model, '栄','鱒')
make_name(model, '螺','鱒')
make_name(model, '波','船')
make_name(model, '平','船')
```

栄＋鱒
[('耕', 0.5981811881065369), ('苗', 0.5769712924957275),
('蚕', 0.5331885814666748), ('齋', 0.5302428007125854),
('飴', 0.529046893119812), ('讃', 0.5262405872344971),
('豊', 0.5172314047813416)]
螺＋鱒
[('裾', 0.5436528921127319), ('鱗', 0.5385259389877319),
('鉛', 0.5379508137702942), ('襞', 0.5337530374526978),
('畳', 0.520359992980957), ('凹', 0.5145196914672852),
('角', 0.5057190656661987)]
波＋船
[('雷', 0.6213316917419434), ('舶', 0.618209719657898),
('艘', 0.6164696216583252), ('錨', 0.6159523725509644),
('空', 0.6106241941452026), ('浬', 0.6105163097381592),
('艦', 0.5772937536239624)]
平＋船
[('昭', 0.5926876068115234), ('礁', 0.5526247024536133),
('廠', 0.5280221700668335), ('舶', 0.5225875377655029),
('瑚', 0.5021462440490723), ('港', 0.4929969310760498),
('隻', 0.4895492196083069)]

　残念……っ！！　「鱈」ではなく「蚕」や「鱗」あたりまででした。「カイコちゃん」「ウロコちゃん」ではあまり可愛くないですね。

　しかし、平＋船の「礁」や「瑚」はかなりいい線にいっている気がしませんか！？　「ワカメ」ではなく「サンゴ」というのはなかなかアリだったのではないでしょうか？

春日部の名誉市民の名前を推定する

　では、**嵐を呼ぶ春日部の名誉市民様**のお名前ではどうでしょうか？　あの有名家族にも漢字の設定がありません。名前に関する情報を調べると「みさえ」は、「まさえ」「みさえ」「むさえ」の3人姉妹の次女らしいです。「ひろし」は「せまし」「ひろし」の兄弟の次男らしいです。うん、言葉遊びなので漢字の設定がわからんです。

「みさえ」のほうは、「さえ」のパターンは多すぎるため、「み」の可能性として「美」「実」「三」あたりを試してみましょうか。

　「ひろし」のほうは、Wikipediaに「ひろし」の項目がありました。いわく、

> ひろしは、日本人男性の名（名前）の一つ。博学・聡明・寛容などの意味合いを含み、「博」「浩」「弘」「宏」「寛」など、漢字表記は多数ある。1920年代から1970年代にかけて長く浸透してきた名前であり、昭和を代表する名前の一つである。

ですって。へぇー。「博」「浩」「弘」「宏」「寛」の5つを候補としましょう。

　この3×5のパターンを全てやってみることにします。出力結果は、どのテキストデータを使ったか、と乱数要素によって、お手元の環境ごとに微妙に異なります。

「みさえ」×「ひろし」⇒！？

```
make_name(model, '美','博')
make_name(model, '美','浩')
make_name(model, '美','弘')
make_name(model, '美','宏')
make_name(model, '美','寛')

make_name(model, '実','博')
make_name(model, '実','浩')
make_name(model, '実','弘')
make_name(model, '実','宏')
make_name(model, '実','寛')

make_name(model, '三','博')
make_name(model, '三','浩')
make_name(model, '三','弘')
make_name(model, '三','宏')
make_name(model, '三','寛')
```

出力結果

美＋博
[('館', 0.6355084776878357), ('富', 0.6340087652206421),
('芸', 0.6073586940765381), ('翁', 0.5751839280128479),
('魁', 0.53743577003479), ('國', 0.5371361970901489),
('▽', 0.5363203883171082)]
美＋浩
[('哉', 0.8124312162399292), ('彦', 0.8121066689491272),
('也', 0.8110413551330566), ('澤', 0.7925755381584167),
('宏', 0.7622600793838501), ('圭', 0.7617758512496948),
('佳', 0.7571179270744324)]
美＋弘
[('彦', 0.7914046049118042), ('隆', 0.7263108491897583),
('哉', 0.7262675762176514), ('吉', 0.7210912108421326),
('澤', 0.7160678505897522), ('孝', 0.7121927738189697),
('井', 0.7106668949127197)]
美＋宏
[('哉', 0.815833568572998), ('也', 0.7893003225326538),
('彦', 0.7839557528495789), ('雅', 0.7745858430862427),
('佳', 0.7657352089881897), ('圭', 0.74643474817276),
('郁', 0.7456681132316589)]
美＋寛
[('弘', 0.7036048173904419), ('隆', 0.6790883541107178),
('斎', 0.6737793684005737), ('永', 0.6735153198242188),
('忠', 0.6717619895935059), ('徳', 0.671489953994751),
('吉', 0.661453366279602)]
実＋博
[('在', 0.47783416509628296), ('既', 0.4510439932346344),
('術', 0.43586164712905884), ('依', 0.43533262610435486),
('函', 0.40218108892440796), ('保', 0.40215879678726196),
('館', 0.4000289738178253)]
実＋浩
[('也', 0.6175271272659302), ('嶋', 0.5990301370620728),
('藤', 0.5704898238182068), ('宏', 0.5704487562179565),
('恆', 0.5648294687271118), ('康', 0.5635716915130615),
('杉', 0.5597348213195801)]
実＋弘
[('康', 0.7124144434928894), ('貞', 0.6459629535675049),
('永', 0.6248483657836914), ('杉', 0.5987523198127747),
('吉', 0.5904189348220825), ('藤', 0.5736206769943237),
('恒', 0.5637243986129761)]
実＋宏

[('也', 0.6052408814430237), ('嶋', 0.5993075966835022),
('藤', 0.5908825993537903), ('杉', 0.5793421268463135),
('康', 0.5768346786499023), ('井', 0.5681520104408264),
('浩', 0.5672325491905212)]
実＋寛
[('康', 0.6664571762084961), ('永', 0.6282828450202942),
('貞', 0.6129171848297119), ('禄', 0.553729772567749),
('恒', 0.5430711507797241), ('藩', 0.5395511388778687),
('慶', 0.5376067757606506)]
三＋博
[('六', 0.6551363468170166), ('七', 0.6505179405212402),
('富', 0.6460078954696655), ('四', 0.6459380388259888),
('五', 0.641818106174469), ('翁', 0.6274504661560059),
('八', 0.6217484474182129)]
三＋浩
[('巳', 0.8132539391517639), ('彦', 0.8121998906135559),
('俊', 0.7914787530899048), ('淳', 0.789954662322998),
('雅', 0.7899205684661865), ('辰', 0.787487268447876),
('井', 0.7861499786376953)]
三＋弘
[('吉', 0.8142823576927185), ('之', 0.7948439121246338),
('五', 0.7874060869216919), ('六', 0.7870250344276428),
('孝', 0.7847888469696045), ('田', 0.767541229724884),
('徳', 0.7667853832244873)]
三＋宏
[('冨', 0.8256027698516846), ('雅', 0.82063227891922),
('巳', 0.816057562828064), ('吾', 0.8072336912155151),
('井', 0.7959736585617065), ('彦', 0.7928011417388916),
('吉', 0.7845474481582642)]
三＋寛
[('六', 0.8044686317443848), ('五', 0.7900067567825317),
('徳', 0.7877780199050903), ('永', 0.773264467716217),
('貞', 0.769175112247467), ('忠', 0.7685419917106628),
('禄', 0.7505584955215454)]

　「しん」と読めそうな漢字は、「三」＋「浩」の6位⇒「辰」でした。ここでさらに12位まで探す範囲を広げると……。

```
out = model.wv.most_similar(positive = [u'三', u'浩'], topn=12)
print(out)
```

出力結果

```
[('巳', 0.8132539391517639), ('彦', 0.8121998906135559),
('俊', 0.7914787530899048), ('淳', 0.789954662322998),
('雅', 0.7899205684661865), ('辰', 0.787487268447876),
('井', 0.7861499786376953), ('田', 0.7845667600631714),
('郎', 0.7799117565155029), ('吉', 0.7687724828720093),
('之', 0.7639111280441284), ('冨', 0.7619104385375977)]
```

何と「之」が11位に出てきました！ これは「みさえ」と「ひろし」もこのAIを作って名前を考えたに違いないという証拠ですね。

こうしてこの世界にまた1つ新たなトリビアが生まれました。

AIを作って計算すると春日部名誉市民の一家の名前の漢字は、
「三佐江」
「浩」
「辰之介」
の可能性が高い。

春日部名誉市民にふさわしい漢字をAIを使って推定するプロジェクトに取り組んだのは **全世界で初めての試み** だと確信しております。このような崇高な思考実験にここまで紙面を割く技術書もなかなかございません。このまま出版されたら編集部も相当イカレテいますね（なげやり）。

小学生の恋愛にありがちなことを**大人の遊びとして昇華**させるとこんな感じに遊べますねということで、皆様のお手元でもぜひいろいろなパターン、いろいろな家族の名前で遊んでみてください！！

参照文献

● 小学生の恋愛にありがちなことランキング

https://ranking.goo.ne.jp/ranking/36139/

● ja.text8

https://github.com/Hironsan/ja.text8

● 平成の次の元号を、AIだけで決めさせる物語

https://qiita.com/youwht/items/0b204c3575c94fc786b8

● Wikipedia：ひろし

https://ja.wikipedia.org/wiki/%E3%81%B2%E3%82%8D%E3%81%97

もし AI が三国志を読んだら。
孔明や関羽のライバルは誰なのか？

主な登場人物紹介

● 劉備：周囲が強すぎて少し影が薄いがいちおう蜀の君主

● 曹操：俺が人にそむいても人が俺にそむくのはダメ。ジャイアンの先祖、魏の君主

● 孫権：お酒が大好き。酔って机に切りかかる呉の君主

● 関羽：ヒゲと武力が99な蜀の武将

● 孔明：諸葛亮いわく、明日は東南の風です。元祖お天気お兄さん、蜀の軍師

● 司馬懿：死せる孔明生ける仲達を走らす、で孔明に負けた感がある魏の軍師

● 周瑜：モテるために楽器をやってたら後世でイケメン枠になった呉の軍師

● 劉禅：現代中国でも幼名の「阿斗」が無能の代名詞。最強のネタキャラ

● 張遼：彼が来ると泣く子も黙る。顔が怖いことを気にしている魏の武将

● 甘寧：最近ワンピースにハマっている元海賊、呉の武将

● 趙雲：5日目くらいのログインボーナスでよく配られる蜀の武将

● 陸遜：本稿唯一のツッコミ役だが、放火が趣味というアブない呉の軍師

● 魏延：オレ原始人ジャナイ、蜀武将

英傑たちの住む天国（？）での会話

関羽　どれどれ拙者たち英傑の活躍は、後世ではどのように伝えられているのかな？

孔明　何とっ……！？　扇からビーム出したりSDガンダムと融合したりしとるっ……！！　あまつさえ、女体化して萌えキャラになっとる！？

この報告は孔明にとってはショックだった……。

劉禅　いやいや、オマイラは必ずURやらSSRだし、水着バージョンみたいな衣装違いも出て優遇されとるだろ。朕なんて101匹いても勝てないぞ。そしてまず、原始人になってる魏延に謝れ。

司馬懿	私も、**孔明の罠にかかった人**、みたいな扱いになっているのは納得できませんぞ。誤解している方には**待てあわてるな**と申し上げたい。そもそも最後は私が勝ったんだし**知力100は私のほうがふさわしい**ですぞ！
周瑜	フッ、私の天才っぷりとカッコよさは後世までよく伝わっているようだしカッコよさも加えれば私が知力100なのは当然であるが、ヒトコトだけ言わせてもらう。私はロリコンではないっ！　名前だけ見て小喬(しょうきょう)をいろいろ小さくするんじゃないっ！！
龐統	いや、孔明に並び立つというなら、わし以外にあり得ないでしょ。**伏龍(ふくりょう)と鳳雛(ほうすう)**よ。
馬謖	いやいや、孔明様の一番弟子の私こそがふさわしい！
姜維	**山登りの神は黙ってろ！**　お師匠様を継ぐのはこのオレだ！
荀彧	主君を助けたということでは当然**王佐(おうさ)**の私でしょう。
陸遜	孔明殿といえば赤壁(せきへき)の火計(かけい)。**火計**なら私が一番のライバルだよ。

・・・喧々諤々・・・

曹操	**だまらっしゃい！！**
孔明	（それ私のセリフ……）
曹操	孔明をライバル視しているものが多いことはよくわかった。ちかごろは、えーあいなるものがあると聞く。わしは有能なものは泥棒でも使ってやるぞ。**誰が孔明のライバルなのか、えーあいに聞いてみようではないか！？**

もしAIが三国志を読んだら

　もしAIが三国志を読んだら、誰が孔明のライバルになるのでしょうか？　ゲームのデータなどを使えば、知力ランキングなどでライバルを見ることも可能かもしれませんが、ここでは、吉川英治の三国志の小説＝日本語で書かれたデータだけを使って、孔明のライバルをAIに計算させて求めたいと思います。

　孔明と近い扱いをされている人物を求めたり、劉備にとっての軍師が孔明だとすると曹操や孫権にとっての孔明は誰なのかを「**計算**」できるAIを作成します。一度作成すれば、関羽のライバルを求めるのも簡単です。劇中で「**曹操には張遼がいる、わしには甘寧がいる**」という孫権の名セリフがありますが、これを計算で裏付けることも可能になります。

全体方針：天下三分の計

曹　操　　ところでえーあいって何だ？　えーあい、えーあい、えーあい……。

楊　修　　おｋ、把握した。全軍退却！！

劉　備　　待てぃ。話が終わってしまうｗ

楊　修　　じゃあ劉備殿は えーあい がわかるのですかな？

劉　備　　ぐっ！　孔明！　任せた、あとよろ！

孔　明　　……。

劉　備　　あとよろ！　あとよろ！

孔　明　　では天下三分の計の如く、3つのステップで今回の計画をご説明しんぜよう。

劉　備　　（3回言わないとやってくれないんだもんな……）

　　今回の作戦は以下の3つのステップで実施していきます。

ステップ❶　三国志の人名を扱えるように準備
ステップ❷　三国志の小説を入手してキーワードを抽出
ステップ❸　Word2Vec モデルを作成

　　三国志の世界を Word2Vec モデルにすることができれば、そのベクトル演算によって、○○は孔明に似ているとか、孫権にとっての張遼は△△、みたいな演算ができるようになるのです（Word2Vec モデルの詳細は第6章をご参照ください）。

　　しかしそこに到達するために、呂布のいる虎牢関のごとく一番最初に立ちはだかる壁は、三国志というデータが**非常に特殊な世界**であること、です。

　　「韓玄」「劉度」「趙範」「金旋」など、荊州四英傑を機械が知っている気がしませんよね。これらは武将名なのだと教える必要が出てきます。

　　また、「玄徳」や「劉玄徳」って誰のことでしょう？　もちろんあの耳が長い偽善者……もとい劉備様のことですね。

　　三国志の世界を正しく分析するためには、まずこのような情報を機械に教えてあげる必要が

あります。今回は三国志を題材としていますが、一般に自然言語処理を行う前には、その対象となる文章の**「業界用語」の把握が重要**なのです。医療系の文章であれば薬品名や病名などを教えることになりますね。西暦200年の世界であろうが西暦2000年の世界であろうがこの方針は変わりません。

第一話：げぇっ！　関羽！

孔　明　まずは機械がキーワードを抽出できるようにしましょう。機械が【関羽は強い】【関羽は勝った】などの文章を見続けると、関羽＝強い、関羽＝勝つ、などを連想するようになり、関羽を見ただけで【げぇっ！　関羽！】って感じになるわけです。そのためにはまず、【関羽】とか【勝つ】などを重要キーワードとして抽出できるようにしなければいけません。

張　飛　【関羽】＝【ヒゲ】になるかもなっ！

関　羽　【張飛】＝【酒】になるほうが可能性高そうだがな！

ということで、仲の良さそうな義兄弟の誓いの文章を機械に読み込ませて分析させましょう。

劉備と関羽と張飛の三人は桃園で義兄弟の契りを結んだ

　これを読んで、「劉備」「関羽」「張飛」「義兄弟」「契り」などのキーワードを、重要な単語として認識し、抽出できるようにします。「形態素解析」の出番ですね。Janomeをインストールしましょう（形態素解析の詳細は第2章をご参照ください）。

Janomeのインストール

```
!pip install janome
```

　Janomeで「名詞」「動詞」「形容詞」を重要な語句として抽出してみましょう。「勝つ」「勝った」「勝たねば」などの動詞の活用を統一するため、「原形」で抽出する点に注意しましょう。

三国志の文章から名詞と動詞と形容詞を抽出

```python
# Janomeのロード
from janome.tokenizer import Tokenizer

# Tokenizerインスタンスの生成
tokenizer = Tokenizer()

# 名詞、動詞原形、形容詞を配列で抽出する関数
def extract_words(text):
  tokens = tokenizer.tokenize(text)
  return [token.base_form for token in tokens
          if token.part_of_speech.split(',')[0] in['名詞', '動詞', '形容詞']]

# 例文で結果を確かめてみる
sampletext = u"劉備と関羽と張飛の三人は桃園で義兄弟の契りを結んだ"
print(extract_words(sampletext))
```

出力結果

```
['劉', '備', '関', '羽', '張', '飛', '三', '人', '桃園', '義兄弟', '契り', '結ぶ']
```

MEMO

token.part_of_speech.split(',')[0] in['名詞', '動詞', '形容詞']]の処理だけ少し複雑ですね。.split(',')で、形態素解析の結果文字列をカンマ区切りでリスト形式のデータに変えています。[0]でその先頭の項目を取得し、先頭の項目は品詞情報ですので、['名詞', '動詞', '形容詞']にINしている、つまりその3つのうちどれかならば、という判定処理をしています。そして、全体としては「リスト内包表記」という形になっており、この判定条件を満たすtokenだけを対象として取り出し、そのtokenの.base_formを新しいリストにする、という処理をしています。通常のfor文でも同じ処理は作れますので、無理に覚える必要はありません。

げぇっ！ 「関羽」が抽出されていないっ！！

劉、備、関、羽、張、飛、などが完全にバラバラになってしまいました。これでは全く分析が進みません。これはデフォルト状態のJanomeは「劉備」「関羽」「張飛」を知らないためです。そこで三国志の英傑たちの名前の「辞書」を作成し、Janomeに登録してあげる必要があります。

第二話：反董卓連合軍

袁紹　なにっ！　英傑たちを集める必要があるとな？　まさにわしの出番じゃ。英傑たち
よ、この三世四公の名門袁紹のもとにあつま～れ！

・・・シーン・・・。

誰も集まらなかったようなので、筆者が集めておいた**3000人を超える武将名簿**を使うこと
にします。『三國志14』でも登場武将は1000人ほどであるため、かなりのオーバーキルです。

まずGoogleDriveをマウントしてください（GoogleDriveマウントの詳細は第1章をご参照
ください）。

GoogleDriveのマウントコマンド

```
from google.colab import drive
drive.mount('/content/drive')
```

次に以下のコマンドで、武将名簿をダウンロードし（無料）、GoogleDriveに KITERETU と
いうフォルダを作って保存します。

武将名簿のダウンロード

```
# KITERETU フォルダをマウントしたGoogleDriveフォルダ（MyDrive）内に作成する
!mkdir -p /content/drive/MyDrive/KITERETU

# 武将名簿ファイルのダウンロード：
!curl -o /content/drive/MyDrive/KITERETU/sangokusi_jinbutu_list.csv
https://storage.googleapis.com/nlp_youwht/san/sangokusi_jinbutu_list.csv

# 名簿の冒頭部分を眺めてみる
!head "/content/drive/MyDrive/KITERETU/sangokusi_jinbutu_list.csv"
```

出力結果

(主要部抜粋)

阿会喃
阿貴
阿羅槃
阿鶩
逢紀
伊夷模
伊健妓妾
伊声耆
伊籍
位宮

「逢紀」や「伊籍」くらいしかわからんゾ、というあなた、安心してください。筆者もよくわかりません。正史のみの脇役なども含めたかなりマニアックなデータになっています。

この武将名簿を、Janomeで使うための「ユーザ辞書」の形に変換しましょう。まずは武将名簿を「リスト形式」として読み込み、その後フォーマットを変えて、カンマ区切りのcsv形式のデータとして保存します。

武将名簿をユーザ辞書に変換して保存

```
# 人物の名前が列挙してあるテキストをリスト形式で読み込む
import codecs
def getKeyWordList(input_file_path):
  input_file = codecs.open(input_file_path, 'r', 'utf-8')
  # ファイルの読み込み。各行ごとが格納されたリストになる
  line_list = input_file.readlines()
  # 改行コードを消去するstrip()をそれぞれにほどこす
  return [line.strip() for line in line_list]

keyword_list = getKeyWordList('/content/drive/MyDrive/KITERETU/
sangokusi_jinbutu_list.csv')

userdict_str = ""
# コストや品詞の設定などを行い、ユーザ辞書形式にする
for keyword in keyword_list:
  userdict_one_str = keyword + ",-1,-1,-5000,名詞,一般,*,*,*,*," + keyword
+ ",*,*"
```

```
    userdict_str += userdict_one_str+"\n"

# 作成したユーザ辞書形式を csv で保存しておく
with open("/content/drive/MyDrive/KITERETU/sangokusi_userdic.csv", "w",  ⮕
encoding="utf8") as f:
  f.write(userdict_str)
```

MEMO

「ユーザ辞書」と言っても辞書のように丁寧にデータを入れる必要はありません。「表層形、左文脈ID、
右文脈ID、コスト、品詞、品詞細分類1、品詞細分類2、品詞細分類3、活用型、活用形、原形、読み、
発音」をカンマで区切ったデータ、というフォーマットだけ合わせておけば、例えば今回「読み」は
使わないため、「*」などのように適当に入れておいてよいのです。とはいえ「コスト」だけは多少調
整する場合もあるかもしれません。「コスト」は小さければ小さいほど、その単語が出現しやすい、つ
まり、優先的にその単語で区切られる、という設定値になります。今回は固有名詞であり、他に類似
の単語が出てこないと考えられるため、コストはかなり小さく設定しています。およそユーザ辞書を
使うケースでは、小さく設定しておいてほぼ問題は生じませんが、例えば「アンパン」という単語の
コストを「アンパンマン」よりも小さくしすぎると、「アンパンマン」が毎回「アンパン」と「マン」
に区切られることになります。そのような場合には、他の単語との関係を見ながらコストを調整して
いく必要があります。

　このユーザ辞書の使い方は簡単です。Janome の Tokenizer インスタンスの生成時に、この
ファイルを読み込むように追加するだけ。前と1行分しか変わっていませんが、以下のコード
を実行してみてください。

用意したユーザ辞書を使って形態素解析

```
# Janome のロード
from janome.tokenizer import Tokenizer

# Tokenizer インスタンスの生成
tokenizer = Tokenizer("/content/drive/MyDrive/KITERETU/  ⮕
sangokusi_userdic.csv", udic_enc='utf8')
# 変更前は以下であった。
# tokenizer = Tokenizer()

# 名詞・動詞原形のみを配列で抽出する関数
def extract_words(text):
```

```
    tokens = tokenizer.tokenize(text)
    return [token.base_form for token in tokens
            if token.part_of_speech.split(',')[0] in['名詞', '動詞', '形容詞']]

# 例文で結果を確かめてみる
sampletext = u"劉備と関羽と張飛の三人は桃園で義兄弟の契りを結んだ"
print(extract_words(sampletext))
```

出力結果

```
['劉備', '関羽', '張飛', 'の', '三', '人', '桃園', '義兄弟', '契り', '結ぶ']
```

　見事っ！　劉備、関羽、張飛がちゃんと3人とも認識されるようになりました。反董卓軍に参加した、知る人ぞ知る名君（？）たちでも試してみましょう。

反董卓連合軍でも試してみる

```
sampletext = u"第一鎮として後将軍南陽の太守袁術、字は公路を筆頭に、\
第二鎮、冀州の刺史韓馥、第三鎮、予州の刺史孔伷、\
第四鎮、兗州の刺史劉岱、第五鎮、河内郡の太守王匡、\
第六鎮、陳留の太守張邈、第七鎮、東郡の太守喬瑁"
print(extract_words(sampletext))
```

出力結果

```
['一', '鎮', '後', '将軍', '南陽', '太守', '袁術', '字', '公', '路', '筆頭',
 '二', '鎮', '冀州', '刺史', '韓馥', '三', '鎮', '予州', '刺史', '孔伷', '四',
 '鎮', '兗州', '刺史', '劉岱', '五', '鎮', '河内', '郡', '太守', '王匡', '六',
 '鎮', '陳', '留', '太守', '張邈', '七', '鎮', '東', '郡', '太守', '喬瑁']
```

　お手元でも、コメントアウトの場所を変えて、ユーザ辞書を使う場合、使わない場合で差を比べてみてください。知名度的に残念な**コモン扱いの方々**にも対応できていることがわかります。

　このようにして三国志の英傑たちを認識することができるようになりました！

第三話：孔明の罠

趙 雲	これでやっと分析を始めることができますな。
司馬懿	待てあわてるなこれは孔明の罠だ。
趙 雲	なにっ！？　もう英傑たちの名前を認識できているではないか？
司馬懿	そう思うならこの文章を読んでみなさい。

- 趙子龍は、白馬を飛ばして、馬上から一気に彼を槍で突き殺した。

- 子龍は、なおも進んで敵の文醜、顔良の二軍へぶつかって行った。

- 趙雲子龍も、やがては、戦いつかれ、玄徳も進退きわまって、すでに自刃を覚悟した時だった。

趙 雲	ウムッ！　いつ見ても拙者の活躍っぷりは素晴らしい……。
司馬懿	そうではない。おぬし【趙子龍】やら【子龍】やら【趙雲子龍】やら名前がいくつあるのだ！？
趙 雲	むむむ。
司馬懿	何がむむむだ！　このままでは誰が誰なのか全くわからず混乱してしまうぞ！【孔明】や【子龍】とは字（あざな）であり、字（あざな）の混ざった状態では分析にならんわいっ！　これが世に名高い【孔明（あざな）の罠】だっ！
趙 雲	（孔明じゃなくて玄徳の罠でもいいじゃん……。孔明の罠って言いたかっただけだろ）

　三国志の字（あざな）以外にも、世の中には同じ人やモノを別の呼び方で呼称する例は多数あります。「ご隠居さま」は単体では特定の人を示さないかもしれませんが、「助さん」「格さん」とかが出てくる文章であれば、「水戸黄門」「徳川光圀」と同一人物である、と考えたほうがよいでしょう。同じモノを示す言葉は、どれかの呼び方に統一したほうが分析がうまくいきます。これを「名寄せ」と呼びます。

　……が、三国志をまともに「名寄せ」するのは超大変です。字（あざな）が出てくるのは**武力か知力が90以上ありそうな人たち**に限られそうとはいえ、結構な数がいます。今こそ神算鬼謀の策をお見せしましょう！

まずは、字（あざな）のデータがないと始まりません。事前にちゃんと準備してありますので、以下のようにダウンロードしてみてください。

字リストのダウンロード

```
# 字リストのダウンロード
!curl -o /content/drive/MyDrive/KITERETU/sangokusi_azana_list.csv
https://storage.googleapis.com/nlp_youwht/san/sangokusi_azana_list.csv

# 冒頭部の内容確認
!head "/content/drive/MyDrive/KITERETU/sangokusi_azana_list.csv"
```

出力結果

(主要部抜粋。「益徳,張飛」と「翼徳,張飛」の両データがあり、どちらの呼び方にも対応可能)

安国 , 関興
安世 , 司馬炎
威公 , 楊儀
異度 , 蒯越
雲長 , 関羽
益徳 , 張飛
演長 , 郭攸之
漢升 , 黄忠
漢瑜 , 陳珪
機伯 , 伊籍

総勢で200名ほどの字（あざな）の対応表が集まりました。ここから「名寄せ」のための変換テーブルを作ります。方針としては「関羽」「諸葛亮」などの呼び方に統一することにしましょう。すなわち、

「関羽雲長」「関雲長」「雲長」は全て「関羽」にする。
「諸葛亮孔明」「諸葛孔明」「孔明」は全て「諸葛亮」にする。

という変換用データを、字の組み合わせのリストから作ります。

字（あざな）の名寄せ用変換データ作成

```python
import csv
# 字（あざな）の一覧ファイルを読み込む
csv_file = open("/content/drive/MyDrive/KITERETU/
sangokusi_azana_list.csv", "r", encoding="utf8")
# CSVファイルをリスト形式で読み出す
csv_reader = csv.reader(csv_file, delimiter=",")
AZANA_LIST = [ e for e in csv_reader ]
csv_file.close()

# 字（あざな）と本名を入れると、3パターンの呼び方＆本名の組を作成する関数
def make_yobikata_list(azana, name):
  result_list = []

  # ①["関羽雲長","関羽"] や、["諸葛亮孔明","諸葛亮"] の形を作る
  result_list.append([name + azana, name])

  # ②["関雲長","関羽"] や、["諸葛孔明","諸葛亮"] の形を作る
  result_list.append([name[:-1] + azana, name])

  # ③["雲長","関羽"] や、["孔明","諸葛亮"] の形を作る
  result_list.append([azana, name])

  # なお、最後の字のみの変換は、①の実行後に行うので③は最後に追加した
  return result_list

# 全武将の呼び方＋本名の組み合わせを作成する
ALL_YOBIKATA_LIST = []
for azana_name in AZANA_LIST:
    # 1武将ずつ、3パターンの呼び方＆本名の組を作成し追加していく
    ALL_YOBIKATA_LIST += make_yobikata_list(azana_name[0], azana_name[1])

# 結果は2重リスト（リストのリスト）であり、最初の9個の結果を見る
print(ALL_YOBIKATA_LIST[0:9])
```

出力結果

```
[['関興安国', '関興'],
['関安国', '関興'],
['安国', '関興'],
['司馬炎安世', '司馬炎'],
```

```
 ['司馬安世', '司馬炎'],
 ['安世', '司馬炎'],
 ['楊儀威公', '楊儀'],
 ['楊威公', '楊儀'],
 ['威公', '楊儀']]
```

　この変換用データの使い方は簡単です。replaceを使ってテキストの置換処理をひたすら繰り返すだけです。以下のように変換関数を作ってその成果を確認してみましょう。

字（あざな）変換用関数の作成と実行

```
def azana_henkan(input_text):
  result_text = input_text
  # ループで、全部の変換パターンの置換処理を行う
  for yobikata_name in ALL_YOBIKATA_LIST:
    # yobikata_name もリストであり、[0]に呼び方、[1]に本名が入っている
    result_text = result_text.replace(yobikata_name[0], yobikata_name[1])
  return result_text

sampletext = u"趙子龍は、白馬を飛ばして、馬上から一気に彼を槍で突き殺した。"
print(azana_henkan(sampletext))
sampletext = u"子龍は、なおも進んで敵の文醜、顔良の二軍へぶつかって行った。"
print(azana_henkan(sampletext))
sampletext = u"趙雲子龍も、やがては、戦いつかれ、玄徳も進退きわまって、すでに自刃を覚悟した
時だった。"
print(azana_henkan(sampletext))
```

出力結果

趙雲は、白馬を飛ばして、馬上から一気に彼を槍で突き殺した。
趙雲は、なおも進んで敵の文醜、顔良の二軍へぶつかって行った。
趙雲も、やがては、戦いつかれ、劉備も進退きわまって、すでに自刃を覚悟した時だった。

　ウムッ！　見事全て「趙雲」に「名寄せ」されました！　ここまでで「ステップ❶三国志の人名を扱えるように準備」ができたことになります。次の「ステップ❷三国志の小説を入手してキーワードを抽出」に進みましょう！

第四話：10万字の文字集め

周瑜	えーあいを作成するにあたり大事な武器は何ですかな？
孔明	えーあいを作成する際にはデータの量、つまり文字数が重要になりましょう。
周瑜	仰る通りですが残念ながら我が軍には文字数が足りません。何とか十日で十万字の文字を集めることはできないものでしょうか？
孔明	文字数が足りないとはさぞお困りでしょう。私なら3日間で10万字の文字を集めてしんぜましょう。
周瑜	ぐふふ、いかに孔明でも3日間で10万字は無理だ。できなければ責任を取らせて処刑してやる。（これは有り難い、では3日間でお願いいたします）
孔明	ホンネとタテマエが逆になっていますぞっ！！
周瑜	ぐはぁっ（吐血）

　吉川英治の『三国志』は、青空文庫にて無料で読むことができますが、その量は実に約168万文字。行数で見ても4万行以上あります。このようなデータを手動で集めて入力するのは大変です。また三国志には人名地名などに普段使われていないような「外字」の漢字が多数出てきます。そこで、青空文庫からのデータダウンロードと「外字」などの変換を一括で実行してくれるコードの出番というわけです。

　※ここで付録を参照し、記載のコードを実行してください。「はじめに」に記載のリンクから、「すぐ実行できるファイル」を使用している方は、ファイルに記載のコードをそのまま実行してください。

　あとは、小説のデータを示すzipファイルのURLを書いて実行するだけです。瞬時に168万字の文字データを集めることができるでしょう！　これには周瑜もビックリですね！

URLを指定してダウンロード＆加工を実行

```
import time

sangokusi_zip_list = [
"https://www.aozora.gr.jp/cards/001562/files/52410_ruby_51060.zip",
"https://www.aozora.gr.jp/cards/001562/files/52411_ruby_50077.zip",
"https://www.aozora.gr.jp/cards/001562/files/52412_ruby_50316.zip",
"https://www.aozora.gr.jp/cards/001562/files/52413_ruby_50406.zip",
"https://www.aozora.gr.jp/cards/001562/files/52414_ruby_50488.zip",
"https://www.aozora.gr.jp/cards/001562/files/52415_ruby_50559.zip",
"https://www.aozora.gr.jp/cards/001562/files/52416_ruby_50636.zip",
"https://www.aozora.gr.jp/cards/001562/files/52417_ruby_50818.zip",
"https://www.aozora.gr.jp/cards/001562/files/52418_ruby_50895.zip",
"https://www.aozora.gr.jp/cards/001562/files/52419_ruby_51044.zip",
"https://www.aozora.gr.jp/cards/001562/files/52420_ruby_51054.zip",
]

# 三国志の全データを取得する
sangokusi_org_text = get_all_flat_text_from_zip_list(sangokusi_zip_list)
# 得た結果をファイルに書き込む
with open('/content/drive/MyDrive/KITERETU/sangokusi_org_text.txt', 'w') as f:
  print(sangokusi_org_text, file=f)
  print("★三国志ALLファイル出力完了")
```

これで無事、全データを集めてくることができました。

（ 第五話：赤壁に燃える ）

第7章 もしAIが三国志を読んだら。孔明や関羽のライバルは誰なのか？

| 孫 権 | ……というわけで、ジャーンジャーンと迫りくる曹操の大艦隊に対してわしは勇敢に立ち向かっていったのだ。ワハハハハ。ウイィッ、ヒックッ！！ |

陸 遜　殿、少し酔っぱらいすぎではないですか？

孫 権　いやわしは、すこ〜しも酔っぱらってなどいないぞ。酔っぱらうというのはだな、そこに2つコップがあるだろ、それが4つに見えるようなときのことを言うのだよっ。

陸 遜　殿、そこにコップは1つしかありませんよ。

というわけで、赤壁の話を孫権様から聞くのはまた今度にしたいと思いますが、いよいよこちらも10万本の矢（168万の文字）も集まり、決戦開始です。これまで培ったワザを駆使して、吉川英治の『三国志』の全文を「キーワードリスト」に加工しましょう。

　まずは、全文に対して字（あざな）の名寄せを行います。既に名寄せ用の関数は作ってありますので、それを実行するだけです。

字（あざな）の変換を実施

```
%%time
import codecs
# 取得してあった原文を開く
with codecs.open("/content/drive/MyDrive/KITERETU/sangokusi_org_text.txt", ➡
'r', encoding='utf-8') as f:
  org_text = f.read()

# 全テキストに字変換処理をほどこして新しいファイルに書き込む
with open("/content/drive/MyDrive/KITERETU/sangokusi_henkango_text.txt", ➡
"w", encoding="utf8") as f:
  f.write(azana_henkan(org_text))
```

　名寄せ済みの全文データが得られました。ここから「ユーザ辞書」を用いた形態素解析を行い、名詞、動詞、形容詞など重要なキーワードを抽出します。全文に対して**for**のループ処理で繰り返し実行するため、多少実行に時間がかかりますが、3分程度で終わると思います。

全文に対してキーワードの抽出、リスト化

```
%%time

# Janomeのロード
from janome.tokenizer import Tokenizer

# Tokenizerインスタンスの生成
# tokenizer = Tokenizer()
tokenizer = Tokenizer("/content/drive/MyDrive/KITERETU/
sangokusi_userdic.csv", udic_enc='utf8')
```

```
# テキストを引数として、形態素解析の結果、名詞・動詞原形のみを配列で抽出する関数
def extract_words(text):
  tokens = tokenizer.tokenize(text)
  # どの品詞を採用するかも重要な調整要素
  return [token.base_form for token in tokens
          if token.part_of_speech.split(',')[0] in['名詞', '動詞', '形容詞']]


import codecs
# ['趙雲', '白馬', '飛ばす', '馬上', '彼', '槍', '突き', '殺す']
# このようなリストのリスト（二次元リスト）を作る関数
# Word2Vecでは、分かち書きされた1文ずつのリストを引数として使うため
def textfile2wordlist(input_file_path):
  input_file  = codecs.open(input_file_path, 'r', 'utf-8')
  # ファイルの読み込み。各行ごとが格納されたリストになる
  line_list = input_file.readlines()
  result_word_list_list = []
  for line in line_list:
    # 1行ずつ、形態素解析した結果をリストに変換
    tmp_word_list = extract_words(line)
    result_word_list_list.append(tmp_word_list)
  return result_word_list_list


# 実行
sangokusi_wordlist = textfile2wordlist('/content/drive/MyDrive/KITERETU/
sangokusi_henkango_text.txt')


# 作成したワードリストは、pickleを使って、GoogleDriveに保存しておく
import pickle
with open('/content/drive/MyDrive/KITERETU/sangokusi_wordlist.pickle',
'wb') as f:
  pickle.dump(sangokusi_wordlist, f)
```

MEMO

一番最後のpickleは、データをファイルとして保存しておくためのライブラリです。Colaboratoryでは12時間経過や90分放置などによりセッションが切れると、メモリ上のデータは消えてしまいます。しかし、このようにpickleで保存しておけば、再度実行しなおさなくても、すぐに今回のwordlistのデータを取り出すことができます。復元方法はこのあとのコードに記載します。

「キーワードを抽出した結果ってどんなデータなの？」と確認するには次のコードを実行してみてください。

```
# なお、保存したpickleファイルは、以下のようにすれば復元できる
with open('/content/drive/MyDrive/KITERETU/sangokusi_wordlist.pickle', →
'rb') as f:
    sangokusi_wordlist = pickle.load(f)

# 結果の確認用①行数の表示
print(len(sangokusi_wordlist))

# 2重のリストをフラット（1重）にする関数
# ネストしたリスト内包表記を用いている。コピペでよく、理解する必要はない。
def flatten(nested_list):
    return [e for inner_list in nested_list for e in inner_list]

# 結果の確認用②キーワード数の表示
print(len(flatten(sangokusi_wordlist)))

# 結果の確認用③最初の50個の内容確認
print(sangokusi_wordlist[0:50])
```

出力結果

```
41720
475171
[['黄', '巾', '賊'], [], ['一'], [], →
 ['漢', '建', '寧', '元年', 'ころ'], ・・・(以下省略)
```

　今ここに、4万行超、47万単語もの三国志のキーワードデータが集まったのです！！　事前に準備したおかげで決戦もすぐに終わりました。本当は「黄巾賊」などの「専門用語」も武将名と同様に登録しておき、1つの単語として認識されていたほうがよいのですが、いったんそこまではやらなくて良しとしましょう。

　ここまでで「ステップ❷三国志の小説を入手してキーワードを抽出」ができたことになります。いよいよ最後の「ステップ❸Word2Vecモデルを作成」に進みます。

第六話：わしをベクトルにできるものは
おるか！？

魏 延	わしをベクトルにできるものはおるか！？
gensim	ここにいるぞ！
魏 延	ギャアァァァッ
楊 儀	やった、ついに反骨ヤロウを50次元のベクトルにしたぞ！

　っと、今回は馬岱にかわって、**gensim**というライブラリが**魏延**をWord2Vecのベクトルにしちゃいます。コードはほとんど第6章のものと同じです（Word2Vecの自作モデルの作成については第6章をご参照ください）。

キーワードリストから、機械学習を行いモデルを作る

```
%%time
import logging
from gensim.models import word2vec
import pickle

logging.basicConfig(format='%(asctime)s : %(levelname)s : %(message)s',
level=logging.INFO)

# ワードリストをpickleから復元
with open('/content/drive/MyDrive/KITERETU/sangokusi_wordlist.pickle',
'rb') as f:
  word_list = pickle.load(f)

# Word2Vecの学習実施
model = word2vec.Word2Vec(word_list,
                    size = 50,
                    min_count = 5,
                    window = 6,
                    iter = 100)

model.save("/content/drive/MyDrive/KITERETU/w2v_sangokusi.model")
```

さっそく、Word2Vecモデルがうまくできたか中身を確認しましょう。まずは3回言い終わる前に打ち切られた魏延さんから。

ベクトルにされた魏延を見る

```
from gensim.models import word2vec

# 保存したモデルファイルの読み込み
model = word2vec.Word2Vec.load("/content/drive/MyDrive/KITERETU/
w2v_sangokusi.model")

print(model.__dict__['wv']['魏延'])
```

出力結果

（主要部抜粋）

```
[-2.0482223 0.806891 -0.10135106 2.596627 -2.523439 0.63116115 3.3096035
0.064186 2.3783784 0.10428166 -1.2599403 -0.71942407 -0.34843373 -0.6569032
0.54912144 1.5100789 -1.6147717 -1.2541133 2.4260414 -0.7537343 0.93028045
-1.6843104 -4.695145 -3.9067883 -3.0862758 1.2199808 1.0471977 -0.04320978
1.5138894 -2.1868181 1.4058278 -4.5780487 -1.3710178 -2.2256463 0.3098808
-1.2595067 0.11971776 -2.8233604 -1.1507708 1.2763392 6.0487704 0.8810894
-3.453566 -4.1180634 1.884593 -1.6138217 0.7289902 -0.1457717 -0.4222043
-5.221229 ]
```

この50個の数字が「魏延」の意味を表しています。無事50次元のベクトルになっていることが確認できました。なお、もしここで各要素の数字が「0」のようなものばかりであると、**学習不足**を意味します。入力したキーワード数や、学習の繰り返し回数が少なすぎる場合にそうなることが多いです。

ではさっそく、武神関羽に近い武将を見ていきましょう。Word2Vecモデルの使い方は第5章で実施したものと同じです。

「関羽」に近いTop7の表示

```
out = model.wv.most_similar(positive=[u'関羽'], topn=7)
print(out)
```

出力結果

```
[('劉備', 0.7301229238510132),
 ('趙雲', 0.6856695413589478),
 ('関平', 0.6566436290740967),
 ('張飛', 0.6333661079406738),
 ('張苞', 0.6267931461334229),
 ('糜芳', 0.6161267161369324),
 ('孫乾', 0.6030186414718628)]
```

「劉備」はちょっと関羽とは違いますね。Word2Vecの学習のイメージは、**その２つの単語を置き換えても同じような意味の文章として成立しているか**、という基準ですので、張飛をたしなめるような役であったり、２人での会話が多かったり、荊州総督（けいしゅう）としての役柄が君主と似ていたり、など様々な理由で「似ている」と判断されたのでしょう。それでも「小説」の「文字データ」しか機械に与えていないのに、他の面々も含めてある程度納得感はあるのではないでしょうか（※Word2Vecの学習には乱数が用いられているため、お手元の結果とは多少順位や数値が異なる場合があります）。

　ではいよいよ「孔明」に近い人を確認しましょう。おっと「名寄せ」によって「諸葛亮」になっている点に注意が必要ですね。

「諸葛亮」に近い Top7 の表示

```
out = model.wv.most_similar(positive=[u'諸葛亮'], topn=7)
print(out)
```

出力結果

```
[('姜維', 0.7145109176635742),
 ('司馬懿', 0.6496024131774902),
 ('魏延', 0.5751003302696228),
 ('陸遜', 0.5557225346565247),
 ('魯粛', 0.5362738966941833),
 ('劉備', 0.5323655605316162),
 ('龐統', 0.5076638460159302)]
```

1位はズバリ「姜維」でした。「孔明の罠の人」は2位でしたね。3位がなぜ「原始人」になっているのでしょう？　さんざんネタにした（第2章参照）ために彼から反骨されたようにしか思えません。彼以外は、「陸遜」「魯粛」なども結構妥当な結果といえると思います！

第七話：曹操には張遼がいる、わしには甘寧がいる

| 孫　権 | 曹操には張遼がいる、わしには甘寧がいる。ということは、張遼と曹操の関係が、甘寧と孫権の関係と同じだから。**張遼 マイナス 曹操 ＝ 甘寧 マイナス 孫権**、になる！ |
| 陸　遜 | （またお酒が入りすぎているようだな……） |

　一見、孫権様の酒席での戯言のようですが、Word2Vecを使えばこのような演算ができてしまうのです。少し式を変換すると以下のようなものになりますので、この右辺の計算が本当に「張遼」になるのか確かめてみましょう！

「張遼」＝「甘寧」＋「曹操」－「孫権」

ついでに、「劉備」にとっての誰？バージョンも一緒に実行します。

```
「甘寧」＋「曹操」－「孫権」

# 「甘寧」＋「曹操」－「孫権」（孫権にとっての甘寧は、曹操にとって誰？）
print(model.wv.most_similar(positive=['甘寧','曹操'], →
negative=['孫権'],topn=5))
# 「甘寧」＋「劉備」－「孫権」（孫権にとっての甘寧は、劉備にとって誰？）
print(model.wv.most_similar(positive=['甘寧','劉備'], →
negative=['孫権'],topn=5))
```

出力結果

```
[('于禁', 0.5890381932258606),
('董卓', 0.570842444896698),
('徐晃', 0.5608649849891663),
('張遼', 0.5359552502632141),
('許褚', 0.5350982546806335)]
[('張飛', 0.6752755641937256),
('ふたり', 0.5424262285232544),
('黄忠', 0.5423460006713867),
('王忠', 0.5263440012931824),
('張遼', 0.5035415291786194)]
```

　惜しいですね。「于禁」になってしまいました。「張遼」は4位でした。劉備のほうでは「張飛」が1位なのは結構良い結果な気がします。今度は逆に「曹操にとっての張遼」は孫権や劉備にとっての誰か、というのを求めてみましょう。

曹操にとっての張遼は誰か？

```
# 「張遼」＋「孫権」－「曹操」（曹操にとっての張遼は、孫権にとって誰？）
print(model.wv.most_similar(positive=['張遼','孫権'],
negative=['曹操'],topn=5))
# 「張遼」＋「劉備」－「曹操」（曹操にとっての張遼は、劉備にとって誰？）
print(model.wv.most_similar(positive=['張遼','劉備'],
negative=['曹操'],topn=5))
```

出力結果

```
[('周泰', 0.6566161513328552),
('蘇飛', 0.563957154750824),
('韓当', 0.5548241138458252),
('陸遜', 0.5436672568321228),
('太史慈', 0.5290607213973999)]
[('趙雲', 0.6474578976631165),
('張飛', 0.6321201324462891),
('関羽', 0.6265150308609009),
('劉封', 0.5954723954200745),
('孫乾', 0.5735449194908142)]
```

孫権にとっての「周泰」「蘇飛」「韓当」
劉備にとっての「趙雲」「張飛」「関羽」

という結果になりました。

　最後に、**諸葛亮のライバルは誰なのか問題**に決着をつけましょう。単純に「似ている」だと「姜維」が1位でしたので、蜀では「姜維」が1位とします。では「魏」と「呉」では誰になるのでしょうか？　こちらもコードとしては同様に、劉備にとっての諸葛亮は、曹操／孫権にとっての誰か、という演算で求めます。

劉備にとっての諸葛亮は誰か？

```
print(model.wv.most_similar(positive=['諸葛亮','曹操'],
negative=['劉備'],topn=5))
print(model.wv.most_similar(positive=['諸葛亮','孫権'],
negative=['劉備'],topn=5))
```

出力結果

```
[('司馬懿', 0.704813539981842),
('曹真', 0.6432410478591919),
('彼', 0.5243057012557983),
('荀彧', 0.5082979202270508),
('大捷', 0.5040599910774231)]
[('陸遜', 0.7516503333404541),
('張昭', 0.6304888725280762),
('魯粛', 0.6167943477630615),
('呂蒙', 0.6137344837188721),
('呉', 0.5984700322151184)]
```

　魏の1位は「**司馬懿**」です！！！　もう1人の本命の「荀彧（じゅんいく）」は「曹真（そうしん）」にも負けてしまいました。活躍した時代の影響も大きく受けていそうです。

　呉の1位は「**陸遜**」です！！！　「張昭（ちょうしょう）」「魯粛（ろしゅく）」「呂蒙（りょもう）」などそうそうたるメンバーの大熱戦でしたね。

今回の結果ではこのようになりましたが、キーワード出力時のコードでどの品詞を対象とするのかや、機械学習時のパラメータの与え方、そもそも学習は乱数的に行われることなどにより、様々な種類の結果が出てきます。お手元で実行された場合と、本書に記載の結果例は微妙に異なっていると思いますので、ぜひご自身の手で様々な「三国志のIF」を再現して遊んでみてくださいっ！！

最終話（オマケ）：梅園の主人公談義

劉 備	今回私出番少なかったなー。主人公なのに。
曹 操	わし出番少なかったなー。主人公なのに。
劉 備 ＆ 曹 操	えっ！？
劉 備	いや、主人公は私でしょ。
曹 操	いやいや、わしが主人公だよ。
劉 備	私だいっ、私だいっ！
曹 操	わしだって、わしわしっ！
孔 明	だまらっしゃい！！　いい年してみっともないですぞ！
劉 備	孔明のカミナリが落ちたっ！　怖いぃぃ。
曹 操	孔明殿、よろしく、よろしく、よろしく。
孔 明	ではどちらが主人公なのかコードで判定してしんぜよう……。
劉 備	（最初から3回言うとは、曹操恐るべし……）

どちらが主人公なのか、ということで2人の登場回数の多いほうを計算してみたいと思います。普通に検索して個数を数えようとすると、「孟徳」やら「玄徳」やらの頻度次第でよくわからない結果になってしまいますが、今回は途中で「名寄せ」を実行済みでしたね。途中で作ってあった「キーワードリスト」から「劉備」「曹操」の出現回数をカウントすればよいだけです。

キーワードリストから「劉備」と「曹操」の数を数える

```
import pickle
with open('/content/drive/MyDrive/KITERETU/sangokusi_wordlist.pickle',
'rb') as f:
  sangokusi_wordlist = pickle.load(f)
```

```
# 2重のリストをフラット（1重）にする関数
def flatten(nested_list):
    return [e for inner_list in nested_list for e in inner_list]

flat_wordlist = flatten(sangokusi_wordlist)

print("劉備の登場回数：", flat_wordlist.count('劉備'))
print("曹操の登場回数：", flat_wordlist.count('曹操'))
```

出力結果

劉備の登場回数：2656
曹操の登場回数：2856

　結果はかなりの僅差でしたが「曹操」のほうがより多く言及されていることがわかりました。「登場シーン」ではなく、「言及されている」であるため、「劉備」が負けるのもしょうがないですね。

　このようにして「武将の数値データ」がなくとも、小説のテキストデータだけで様々な三国志研究をすることができたのでした。

参照文献

- AIが三国志を読んだら、孔明が知力100、関羽が武力99、を求められるのか？をガチで考える物語
https://qiita.com/youwht/items/92056e63498c36de4e3b
https://qiita.com/youwht/items/fb366579f64252f7a35c
https://qiita.com/youwht/items/61c6d5819cdc3aff9e63

## 第 8 章

「赤の他人」の対義語は「白い恋人」、
を AI で自動生成する

「赤の他人」の対義語は「白い恋人」

　「造語対義語」というジョークがあり、様々な良ネタが日々人々の腹筋を鍛えています。例えば以下のようなものです。

- 「赤の他人」⇔「白い恋人」
- 「コアラのマーチ」⇔「ゴリラのレクイエム」
- 「ウサギは寂しいと死ぬ」⇔「ゴリラは孤独を背負い生き抜く」
- 「全米が泣いた」⇔「一部のパンたちが爆笑」
- 「一匹狼」⇔「百一匹わんちゃん」
- 「いないいないばあ」⇔「いつまでもいるじい」
- 「天使のブラ」⇔「鬼のパンツ」
- 「冷やし中華始めました」⇔「おでんはもう辞めました」
- 「やせ我慢」⇔「デブ大暴れ」
- 「生理的に無理」⇔「理論上は可能」
- 「ゲスの極み乙女」⇔「ほんのりピュア親父」
- 「週刊少年ジャンプ」⇔「月刊老人スクワット」
- 「お母さんと一緒」⇔「お父さんは別居」
- 「強い奴に会いに来た」⇔「弱い奴から逃げてきた」
- 「ヘッドフォン」⇔「ケツマイク」
- 「夕立、ちょっと濡れてる」⇔「アサヒィ、スゥパァドラァァィイ！」
- 「ひとりでできるもん」⇔「いい年した大人たちが雁首揃えてこのザマ」
- 「鳥貴族」⇔「魚民」
- 「時をかける少女」⇔「時代遅れのおじさん」
- 「アウトオブ眼中」⇔「インザ鼻の穴」
- 「鶴の恩返し」⇔「亀の逆ギレ」
- 「そんなんじゃ社会に出てから通用しないぞ」⇔「それだけの力があれば幼稚園では無敵だろう」

　本章では、この**造語対義語をAIによって自動生成**したいと思います。機械ならではのネジの抜けた発想力でこのようなユーモアを生み出せるのでしょうか？

(Word2Vecの弱点は「対義語に弱い」こと)

　今回使うAIとは、Word2Vecのことです。Word2Vecの詳細については第5章をご参照ください。「ああ、そういえば第5章で、Word2Vecで単語の足し算引き算をやっていたよね。引き算＝反対の意味として使うのかな？」と思うかもしれません。しかし実は、Word2Vecの最大の弱点は対義語だとも言われているのです！

　理由は簡単。Word2Vecのモデルを作る際に、機械は「群馬に行く」「栃木に行く」などの文章を大量に見ることで「群馬」と「栃木」は似たようなもの、として学習をしていきます。とすると「赤い花」「白い花」のように赤と白は同じ文脈で出てきます。「あなたのことが好き」

も「あなたのことが嫌い」も文章の形としては同じです。つまり、Word2Vecの頭の中では、「赤」も「白」も似たようなもの、「好き」も「嫌い」も似たようなもの、として学習されてしまいがちなのです。

よって「Word2Vecは対義語に弱いから注意してね」と弱点として挙げられてしまうほど苦手としている概念なのでした。**検討の初手で全否定されてしまう状態**です。

Word2Vecで反対側の単語を見てみると？

実際にWord2Vecでの反対側の意味とは何なのか見てみましょう。第5章でも用いた学習済みモデルを使います。第5章のコードを実行済みの方は、GoogleDriveのマウントまで実行すれば、前回ダウンロードしたファイルが残っていてそのまま使えるはずです。

まずGoogleDriveをマウントします（GoogleDriveマウントの詳細は第1章をご参照ください）。

GoogleDrive のマウントコマンド

```
from google.colab import drive
drive.mount('/content/drive')
```

次に以下のコマンドで、筆者が用意した学習済みモデルをダウンロードし（無料）、GoogleDrive に **KITERETU** というフォルダを作って保存します。

モデルファイルのダウンロード

```
# KITERETU フォルダをマウントしたGoogleDriveフォルダ（MyDrive）内に作成する
!mkdir -p /content/drive/MyDrive/KITERETU
# Word2Vecの学習済みモデルをそのフォルダにダウンロードする（3ファイルで1セット：400MB弱ほど）
!curl -o /content/drive/MyDrive/KITERETU/gw2v160.model ⇒
https://storage.googleapis.com/nlp_youwht/w2v/gw2v160.model
!curl -o /content/drive/MyDrive/KITERETU/gw2v160.model.trainables.syn1neg. ⇒
npy https://storage.googleapis.com/nlp_youwht/w2v/gw2v160.model.trainables. ⇒
syn1neg.npy
```

```
!curl -o /content/drive/MyDrive/KITERETU/gw2v160.model.wv.vectors.npy
https://storage.googleapis.com/nlp_youwht/w2v/gw2v160.model.wv.vectors.npy
```

　さっそく「引き算だけ」を設定して、「コアラ」の反対側の単語を見てみましょう。第5章で、positiveに足し算、negativeに引き算、を入れていたことを思い出してください。マイナスに「コアラ」だけ設定して結果を確認します。

コアラの反対側の単語の確認

```
from gensim.models.word2vec import Word2Vec

# 学習済みモデルのロード
model_file_path = '/content/drive/MyDrive/KITERETU/gw2v160.model'
model = Word2Vec.load(model_file_path)

# 「似ている」の場合はpositiveであったことを思い出す
# out = model.wv.most_similar(positive=[u'群馬'], topn=7)

# 「反対の意味」としてnegativeだけを入れてみる
out = model.wv.most_similar(negative=[u"コアラ"], topn=7)

print(out)
```

出力結果

```
[('勘文', 0.4315894544124603),
 ('要諦', 0.3936310410499573),
 ('徳政', 0.37152087688446045),
 ('綱紀', 0.36845099925994873),
 ('権威者', 0.35816508531570435),
 ('請文', 0.3445848822593689),
 ('理非', 0.34137365221977234)]
```

　全く意味がわかりません。コアラの反対を見たら全く無関係な単語が出てきました。これではいつまで経っても「コアラのマーチ」は「ゴリラのレクイエム」になりそうにありません。人間関係にも通じるところのある重要なことなので改めて強調させていただきます。

Word2Vecにとっての反対は「対義語」ではなく「無関係」の単語である。「好き」の反対は「嫌い」ではなく「無関心」であるのと同様である（たぶん）。

対義語は賛成の反対なのだ。これでいいのだ。

Word2Vecは対義語に向いていない……と初手で詰まったかのように見えますが、ここでいにしえの某**天才**が喝破した言葉を思い出します。

「賛成の反対なのだ」

「反対の賛成、賛成の反対……ってどっちなの？」ということになりますよね。コアラの反対の賛成、コアラの賛成の反対、を求めるというアイデアです。

一般に対義語とされている「賛成」と「反対」、「セーフ」と「アウト」、「現実」と「理想」、「消費」と「生産」など何でも大丈夫。「コアラ」と「コアラの対義語」の関係は、「賛成」と「反対」の関係のようなもの、と考えると、

「コアラ」ー「コアラの対義語」＝「賛成」ー「反対」

になるため、

「コアラ」ー「賛成」＋「反対」＝「コアラの対義語」

になります。さっそく実装してみましょう。「賛成」と「反対」などの足し引きする単語自体の意味はどうでもよいので、「賛成」「反対」を入れ替えた両方をやってみます。「アクセル」「ブレーキ」など任意の対義語ペアに置き換えて動かしていただいても構いません。

コアラの賛成の反対？反対の賛成？

```
out = model.wv.most_similar(positive=[u"コアラ", u"反対"],
negative=[u"賛成"], topn=5)
print(out)

out = model.wv.most_similar(positive=[u"コアラ", u"賛成"],
negative=[u"反対"], topn=5)
print(out)
```

出力結果

```
[('カンガルー', 0.5650547742843628),
 ('ウォンバット', 0.5431149005889893),
 ('ライオン', 0.50787341594469604),
 ('タロンガ', 0.5016540288925171),
 ('ゴリラ', 0.49797317385673523)]

[('ウォンバット', 0.5293771028518677),
 ('ワラビー', 0.5191140077091217),
 ('洗い熊', 0.5170611143112183),
 ('背黄青', 0.48218613862991333),
 ('レッサーパンダ', 0.4773913025856018)]
```

いかがでしたでしょうか？　「ゴリラ」も出ていますし、「コアラ」の対義語っぽい雰囲気の単語が出ている気がします。

　なお「タロンガ」はオーストラリアの動物園の名前で、コアラに会えるのがウリの場所です。「ウォンバット」はコアラに似ている可愛い四つ足の生命体です。「背黄青」はセキセイインコのセキセイの漢字表記なので、ここでは「インコ」と考えればよいでしょう。

　はて、**何が出れば「コアラ」の対義語として正解なのかよくわからないという最大の疑問**はあるものの、ある程度良い結果といえそうです。これでいいのだ！！（この活動そのものの目的がよくわからないというもっと大きな疑問は置いておきましょう）

　判断の基準は、あまりにもヒマすぎて「コアラの対義語って何だろうね？」という話題になったときに、友達はどんな答えをしてくるだろうか、という想像です。「ゴリラ」「カンガ

ルー」「洗い熊」などと答える人がいてもおかしくありません。

稀に「ボールが友達」とか「愛と勇気だけが友達」とか変わった交友関係を持つ方もいらっしゃいますが、そういう変わった友達からの答えは想像しづらいので対象外とします。頭の中がアンコで構成されている人は本書の対象読者ではないため悪しからずご了承ください。

演算に使う対義語ペアを探す❶

さて、光明が見えてきました。改めて方針をまとめると「コアラ」の対義語を求めたい場合は、「賛成」と「反対」、「アウト」と「セーフ」のような「対義語のペア」を使って以下のような式で計算すればよい、ことになります。

「コアラ」－「アウト」＋「セーフ」＝「コアラの対義語」

では、どの「対義語のペア」を使うとより「良い結果」が得られるのでしょうか？　良い結果とは必ずしも正確に対義語である必要はなく、友達が答えそうな「っぽい」語であるかどうか、でした。「コアラの対義語」と聞かれて「タロンガ」（オーストラリアの動物園の名前）と答える人とはあまり友達になりたくない気がします。「タロンガ」は「っぽい」語ではないということです。他の回答と何が違うかというと、動物や生命体かどうか、という点です。動物や生命体は、元の「コアラ」の単語の意味にかなり近い概念です。つまり、元の単語の意味に近い単語のほうが「っぽい」語に見えやすい、といえるでしょう。

そこで、良い結果＝元の単語に近い単語になる確率を上げるために、**元の単語に近い概念の対義語ペアを使うほうがよい**、という仮説を立てて進めてみたいと思います。遠い概念の対義語を使うと「雑音」のようなものが入りやすくなるためです。

まず、対義語ペアが多数必要ですね。「怠惰」な美徳を持つ読者様のために事前にご用意させていただきました。次のようにしてダウンロードしてみてください。

対義語リストのダウンロード

```
# 対義語リストファイルのダウンロード:
!curl -o /content/drive/MyDrive/KITERETU/taigigolist.csv
https://storage.googleapis.com/nlp_youwht/taigigo/taigigolist.csv

# 冒頭部分を眺めてみる
!head "/content/drive/MyDrive/KITERETU/taigigolist.csv"
```

出力結果

(主要部抜粋)

```
アウト,セーフ
アクセル,ブレーキ
おしゃべり,無口
セーフ,アウト
ふもと,頂上
ブレーキ,アクセル
悪,善
悪い,良い
悪意,善意
悪質,良質
```

　全部で283ペア。アウト・セーフ、セーフ・アウトのように逆にした形も合わせて収録してあり合計で568行のデータがあります。カンマ区切りの表になっていますので、Pythonで扱えるように読み込んでみましょう。

対義語一覧ファイルの読み込み

```
import csv

# 対義語一覧ファイルの読み込み
csv_file = open("/content/drive/MyDrive/KITERETU/taigigolist.csv", "r",
encoding="utf8")

# CSVファイルをリスト形式で読み出す
csv_reader = csv.reader(csv_file, delimiter=",")
# csv_readerで1行ずつ読み込まれたデータをリスト形式にする処理
TAIGIGO_LIST = [ e for e in csv_reader ]
```

```
# 読み終わったCSVファイルを閉じる
csv_file.close()

# 読み込んだリストの長さを表示
print(len(TAIGIGO_LIST))
# 最初の数例を表示
print(TAIGIGO_LIST[0:5])
```

```
568
[['アウト', 'セーフ'],
 ['アクセル', 'ブレーキ'],
 ['おしゃべり', '無口'],
 ['セーフ', 'アウト'],
 ['ふもと', '頂上']]
```

　これで **TAIGIGO_LIST** に多数の対義語ペアを得ることができました。では、コアラと似ている単語を求めてみたいと思います。まず単純にコアラとの類似度を数値化する方法を見ていきます。

コアラとの類似度を求める例

```
print(model.wv.similarity("コアラ", "賛成"))
print(model.wv.similarity("コアラ", "セーフ"))
print(model.wv.similarity("コアラ", "コアラ"))
```

```
-0.11382347
0.044115696
1.0
```

　全く同じ単語を入れると「1.0」になります。このようにして、1.0を最大値とした類似度を求めることができました。この手法でコアラの対義語を求めるために最適な対義語ペアを探したいのですが、その前に1点注意したいお話があります。

Word2Vecの注意：「ぱんだ」はいないよ

　注意したいのは、**Word2Vecで演算できる単語は、そのモデルの単語リストに登録されている単語だけ**、ということです。例えば、今回使っているモデルの中に「ぱんだ」という単語は存在しません。存在しない単語で演算をしてみると……

注意したい例＝存在しない単語での演算

```
model.wv.similarity("コアラ", "ぱんだ")
```

出力結果

```
KeyError                                    Traceback (most recent call last)
<ipython-input-8-cfe0cc5793e8> in <module>()
----> 1 model.wv.similarity("コアラ", "ぱんだ")

3 frames
/usr/local/lib/python3.7/dist-packages/gensim/models/keyedvectors.py in
word_vec(self, word, use_norm)
    450              return result
    451          else:
--> 452              raise KeyError("word '%s' not in vocabulary" % word)
    453
    454      def get_vector(self, word):

KeyError: "word 'ぱんだ' not in vocabulary"
```

　このようにエラーになってしまいました。「ぱんだ」は元のWord2Vecのモデルの中に登録されていない単語なので**not in vocabulary**と言われて、**KeyError**になってしまいます。**similarity**の計算以外でも、単語の足し算引き算を行おうとする場合もこのエラーが発生します。Word2Vecを使った実装を行う際には、この**KeyError**に気をつけて実装する必要があります。

「ぱんだ」はこのモデルの中にいないのですが、「パンダ」は登録されています！　以下の
コードで確認してみましょう。登録されているかどうかは、`.wv.vocab.keys()`に`in`して
いるかどうか、で判定することが可能です。

「ぱんだ」と「パンダ」のいるいないを確認する

```python
if "ぱんだ" in model.wv.vocab.keys():
    print("YES！「ぱんだ」はいますよ")
else:
    print("NO！「ぱんだ」はいません")

if "パンダ" in model.wv.vocab.keys():
    print("YES！「パンダ」はいますよ")
else:
    print("NO！「パンダ」はいません")
```

出力結果

```
NO！「ぱんだ」はいません
YES！「パンダ」はいますよ
```

　Word2Vecを利用する際には、都度このようなif文で単語の存在確認を行うか、`KeyError`
が発生することを前提としてその対処を同時に作っておくとよいでしょう。

（ 演算に使う対義語ペアを探す❷ ）

　それでは注意点を確認したところで、先ほどの`TAIGIGO_LIST`に、「コアラ」との類似度
を付与してみましょう。関数を使って少し汎用的に作ってみます。

対義語リストと、対象の単語との類似度を出す関数

```
def add_similarity_to_taigigo_list(target_word, taigigo_list):
    result_list = []
    # taigigo_list の各要素は、["賛成","反対"] などの形式であり、
    # リストの各要素がリストである二重リスト
    for taigigo_pair in taigigo_list:
        try:
            # 「賛成」と「コアラ」、「反対」と「コアラ」などそれぞれの類似度を得る
            sim0 = model.wv.similarity(taigigo_pair[0], target_word)
            sim1 = model.wv.similarity(taigigo_pair[1], target_word)
            # 結果格納用のリストに、元の各単語、各類似度、を格納する
            result_list.append( [taigigo_pair[0], taigigo_pair[1], sim0, sim1] )
        except KeyError:
            # ある対義語ペアの、どちらかの単語がKeyErrorの場合、何もしないでスキップ
            # または、元の入力単語がKeyErrorの場合も、何もしないでスキップ
            pass
    # 生成された二重リストを返却する。各要素は以下のような形式
    # ["賛成", "反対", "賛成とコアラの類似度", "反対とコアラの類似度"]
    return result_list


# コアラと、対義語リストの全単語の類似度を求める
KOARA_TAIGIGO_SIM_LIST = add_similarity_to_taigigo_list(u"コアラ",
TAIGIGO_LIST)
# 最初の5つを表示する
print( KOARA_TAIGIGO_SIM_LIST[0:5])
```

出力結果

```
[['アウト', 'セーフ', 0.090600915, 0.044115696],
 ['アクセル', 'ブレーキ', -0.033691376, -0.11518881],
 ['セーフ', 'アウト', 0.044115696, 0.090600915],
 ['ブレーキ', 'アクセル', -0.11518881, -0.033691376],
 ['悪', '善', 0.03668707, -0.086812906]]
```

MEMO

A / Bという処理（A ÷ B）を実行する際に、B = 0の場合は処理が失敗します。Pythonの場合、ZeroDivisionErrorというエラーになります。このように、コードの実行中に生じるエラーのことを「例外」と呼びます。普段、B = 0ではないときは成功するのに、例外的にエラーになるので「例外」だと考えればよいでしょう。このような「例外」が生じても途中で処理を終了させたくない場合に使うのが、今回のコードで出てきたtryとexceptです。tryの部分に、「例外が発生するかもしれない処理」を書き、exceptの部分に、「例外が発生した場合どう処理するのか」を書きます。今回は発生しそうな例外がKeyErrorだとわかっているため、KeyErrorが生じたら無視してリストの次の要素に進んでね、というコードになっています。なお、KeyErrorの部分を消せば、全ての例外を対象にすることができます。

これで、各単語に対してコアラとの類似度を求めることができました。またWord2Vecモデルにない単語については、出てこないようになっています。いよいよ、この結果を並び替えて、対義語ペア中で最もコアラに似ている単語を決めましょう。

結局誰が一番「コアラ」に似ているのか？並び替え

```
KOARA_TAIGIGO_SIM_LIST.sort(key = lambda x : -x[2])

# 最初の5つを表示する
print( KOARA_TAIGIGO_SIM_LIST[0:5])
```

出力結果

```
[['満腹', '空腹', 0.2346971, 0.19706017],
 ['本物', '偽物', 0.22309045, 0.1399938],
 ['男性', '女性', 0.2089082, 0.19897342],
 ['販売', '購入', 0.20580953, 0.1399232],
 ['売る', '買う', 0.20547116, 0.057075344]]
```

「満腹」が一番「コアラ」に近いということになりました。出力結果のリストの3番目の値が、それぞれ一番左側の「満腹」「本物」「男性」「販売」「売る」と、「コアラ」との類似度の値になっており、その値が降順に並べられていることを確認してください。

「満腹」なんて「コアラ」と全く無関係な単語じゃないかですって？　全くその通りなのですが、「本物」「男性」「販売」などもどれも全く無関係な単語です。対義語ペアに含まれる無関係な単語同士で、今回のWord2Vecモデルが無理やり順番をつけた結果、たまたま「満腹」が一番「コアラ」に近そうだな――、ということになっただけでございます！　深く考えてしまうと夜しか眠れなくなってしまうかもしれません。理由は考えずに先に進みましょう。

MEMO

> KOARA_TAIGIGO_SIM_LISTの各要素xに対して、3番目の要素（x[2]）に、コアラとの類似度が入っています。sortはkey=で指定した値を基準にリストを「昇順」に並べ替える関数なので、マイナスをつけることで「降順」に並び替えることになります。よって、コアラとの類似度の降順での並び替えになります。

　さっそく、この「満腹」を使って「コアラの対義語」を求めてみましょう。コードとしては前述のものと同じです。

コアラと似ている「満腹」との対義語演算

```
out = model.wv.most_similar(positive=[u"コアラ", u"満腹"],
negative=[u"空腹"], topn=5)
print(out)

out = model.wv.most_similar(positive=[u"コアラ", u"空腹"],
negative=[u"満腹"], topn=5)
print(out)
```

出力結果

```
[('ミッフィー', 0.5394263863563538),
 ('ウォンバット', 0.5337938666343689),
 ('パンダ', 0.5278213620185852),
 ('ウーパールーパー', 0.5196086168289185),
 ('白熊', 0.4782952070236206)]

[('プレーリードッグ', 0.5548356771469116),
 ('縞馬', 0.5465219616889954),
 ('アメリカグマ', 0.5432994961738586),
```

```
('カンガルー', 0.5380684733390808),
('園側', 0.5326305031776428)]
```

　まさかの「ミッフィー」ちゃんの降臨です。日本では「うさこちゃん」とも呼ばれるクチが
× になっているウサギの女の子のキャラクターです。また、「ウーパールーパー」はメキシコ
サンショウウオの通称で、「キモかわいい」系の生き物なので程よい対義語感（？）がありますね。

　最も似ている「満腹」をプラスで使うかマイナスで使うか、はどちらが良いか定かではない
ため、いったんこのまま両方とも出しておきましょう。なお、筆者の主観的印象としては「プラ
ス」側に置いたほうがより面白い結果が出やすい気はします。

単語対義語化関数

　いよいよ、入力された単語に対してその対義語を返すという驚くべき関数を実装します。と
いっても、さきほどの「ミッフィー」までの結果を関数としてまとめなおすだけです。

単語を対義語にする関数

```
def make_taigigo_kouho_list(target_word, taigigo_list):
  taigigo_sim_list = add_similarity_to_taigigo_list(target_word,
taigigo_list)

  # 3番目の要素をキーにして、元のリストの順番を「降順」に並び替える
  taigigo_sim_list.sort(key = lambda x : -x[2])

  # 結果出力用のリストを初期化
  result_list = []

  # 並び替えた1位のペア（[0]）の、対義語ペアの各単語を使用する
  word0 = taigigo_sim_list[0][0]
  word1 = taigigo_sim_list[0][1]
  # 対義語の候補リストを生成し、出力結果に書き加える
  result_list.extend(model.wv.most_similar(positive=[target_word, word0],
negative=[word1], topn=5))
```

```
    result_list.extend(model.wv.most_similar(positive=[target_word, word1],
negative=[word0], topn=5))

    return result_list

make_taigigo_kouho_list(u"コアラ", TAIGIGO_LIST)
```

```
[('ミッフィー', 0.5394263863563538),
 ('ウォンバット', 0.5337938666343689),
 ('パンダ', 0.5278213620185852),
 ('ウーパールーパー', 0.5196086168289185),
 ('白熊', 0.4782952070236206),
 ('プレーリードッグ', 0.5548356771469116),
 ('縞馬', 0.5465219616889954),
 ('アメリカグマ', 0.5432994961738586),
 ('カンガルー', 0.5380684733390808),
 ('園側', 0.5326305031776428)]
```

さきほどと同じ結果がすぐに出せるようになりました。少々使いやすくするために、この10個の候補の中からランダムで1つを選ぶ処理も合わせて実装しておきましょう。また、Word2vecのモデルにない単語が入力された場合は、元の単語を返すことにします。

パンダの対義語をランダムに出力

```
import random
def word2taigigo(input_word):
  # Word2Vecのmodelにその単語が含まれているか確認して含まれていれば処理を行う
  if input_word in model.wv.vocab.keys():
    taigigo_kouho_list = make_taigigo_kouho_list(input_word, TAIGIGO_LIST)
    if len(taigigo_kouho_list) > 0 :
      # 対義語の候補が複数出ている場合、その中からランダムで選択
      taigigo_kouho = random.choice(taigigo_kouho_list)
      # taigigo_kouhoは、('プレーリードッグ', 0.5548356771469116) の形なので
      # その最初の要素、[0]に単語自体が含まれており、それを返す
      return taigigo_kouho[0]
  # 単語が含まれていなかったり、生成できない場合は元の単語を返す
  return input_word
```

```
# 乱数によって結果が変わるため、数回繰り返してみる
for n in range(5):
  print(word2taigigo("パンダ"))
```

出力結果

(ランダムなので毎回異なります)

コアラ
猫
スヌーピー
ウーパールーパー
にゃん

　「にゃん」などよくわからない単語が出ることもあるようですが、「パンダ」の対義語は「スヌーピー」というのは、なかなか味のある結果な気がします。言われてみればどちらも白黒ですね。人間ではなかなか気づきにくい発想です！

文章対義語化関数

　「単語」に対して対義語にすることができたため、最後に文章を対義語化してみたいと思います。文章中に出てくる個々の単語（名詞と形容詞）に対して、先ほど作成した**word2 taigigo**を適用することで、全単語を対義語に置き換えます。まず文章を個々の単語に分解しましょう。形態素解析ツールJanomeの出番です。形態素解析の詳細については、第2章をご参照ください。コード全体の作り方も、第2章のコードとほぼ同様になります。

Janomeのインストール

```
!pip install janome
```

　文章を対義語にするコードは、第2章の「ゲンシゴ」や「魏延語」と同様の作り方です。

```
```

文章対義語化関数

```
# Janomeのロード
from janome.tokenizer import Tokenizer

# Tokenizerインスタンスの生成
tokenizer = Tokenizer()

# 日本語を対義語にする関数
def taigi_str_henkan(input_str):
    # 形態素解析の実施
    tokens = tokenizer.tokenize(input_str)

    # 各tokenを、対義語変換関数にかけて、その出力を順番につなげる
    result_str = ""
    for token in tokens:
        # 名詞か形容詞の場合のみ、変換処理を行うことにする
        if token.part_of_speech.split(',')[0] in ['名詞', '形容詞']:
            # 入力された単語を対義語に変換
            taigigo = word2taigigo(token.surface)
            result_str += taigigo
        else:
            # 変換対象ではない品詞の場合、そのままつなげる
            result_str += token.surface

    return result_str

# ランダム要素が大きいので、5回出力させてみる

for n in range(5):
    print(taigi_str_henkan("赤の他人"))
```

出力結果

（ランダムなので毎回異なります）

ずきんの他者
青の自分
青の自分自身
黄色の他者
青の金銭

ランダムに生成されるため、気に入る表現が出るまで繰り返してみてください。今回の優勝は「青の自分自身」ということにしておきましょう。「白い恋人」まで行くためには北海道の銘菓の情報が必要になりますのでそこまでは難しかったですね。

そして、他の実行結果サンプルも掲載しておきます。実際にこのコードで出た結果のうち、面白いものや味のあるものを抜粋しています。

- 進撃の巨人　⇔　敗走のヤクルト
  （戦争の火だねになりそうなチョイス）

- コアラのマーチ　⇔　ミッフィーの吹奏楽
  （カワイイ）

- 週刊少年ジャンプ　⇔　月刊誌青年パンタグラフ
  （パンタグラフはどこから出てきた？）

- ちびまる子ちゃん　⇔　おじゃる丸まる長男ちゃん
  （そういえば髪型が微妙に似ている？）

- 機動戦士ガンダム　⇔　インターネット魔神アルツハイマー電源開発
  （カタカナが多く長い名前のワリに超弱そう）

- ボールは友達　⇔　ゴールポストは女の子
  （「ゴール」ではなく「ゴールポスト」の斬新さ）

- 時をかける少女　⇔　来世をかける主人公
  （主人公死んじゃったよ）

- カカロット、お前がナンバーワンだ　⇔　ラディッツ、お前が断トツだ
  （微妙な人選がキタ）

- 体は子供、頭脳は大人　⇔　下半身は大人、推理力は幼児
  （なぜ下半身……）

- アナと雪の女王　⇔　優香と師走の王妃
  （優香って誰？　師走の王妃もイイ）

- お母さんと一緒　⇔　お父さんと近所
  （意味深すぎる……）

　今回作成したコードは、中身がわかりやすいよう/作りやすいようにかなりシンプルな実装にしておりまして、オモシロ度を上げる「チューニング」をあまり実施していないのですが、それでも何回か実行すると、なかなか人間は思いつきにくい楽しい結果が出てくると思います。より確率を上げたい、より細かい「チューニング」をしたいという方は以下の記事もご参照ください。

- 「赤の他人」の対義語は「白い恋人」これを自動生成したい物語
  https://qiita.com/youwht/items/f21325ff62603e8664e6

　具体的な「チューニング」ポイントとしては、出てきた単語と元の単語の似ている度合いを使った評価を入れたり、同じ品詞であるかの確認をする、動詞に対する処理も作る、対義語リストのデータを増やす、Word2Vecモデルを変える、など様々な要素が考えられます。ぜひご自身でもいろいろ試してみてください。

対義語という崇高なテーマ

　造語対義語とは、**完全なまでに無駄**な行為です。しかしおよそ人々が楽しむ遊びは、合理的機械的な価値観では全て無駄な行為でしょう。美術、音楽、ゲーム、スポーツなど全て、大自然の生命活動には存在しません。人間だからこそ、**無駄**に喜びや誇りを覚えるのです。

　今回の造語対義語のように**完全なまでに無駄**なものを機械で作らんとするテーマは、エンジニアの三大美徳「傲慢」を持つあなたにとって、崇高な誇りをもって取り組んでいただけるテーマであると確信しております。

「斬新なアイデア」は、「ユーモア」「笑い」とよく似ていて、**思いもよらなかったもの同士が結びつくこと**によって生じます。しかし、本当に無関係なもの同士は結びつけても全く意味がありません。気が付きにくい反対の位置にありつつも、結んだらくっつくもの、という条件が重要でして、今回の造語対義語は、まさにその**「斬新なアイデア」「ユーモア」を機械によって生成しよう**、というテーマなのであります。お楽しみいただけましたら幸いです。

参照文献

● 「赤の他人」の対義語は「白い恋人」これを自動生成したい物語
https://qiita.com/youwht/items/f21325ff62603e8664e6

上記の筆者の記事では、記事中のコードがかなり長く、環境構築などの面でも非常に動かしにくいものでした。本稿は、最も重要な部分だけ抜き出し、平易なコードで動かせるように全面的に書き直し、各処理に解説を加えたものになっています。

天才的なアイデアを出して開発するための
５つのコツ

本書は「暗いところで顔の下から懐中電灯をつけるとオバケみたいで驚かせることができる」が自分で簡単に実践できるようになる書物、だと冒頭で申し上げました。電気や電流など物理的な話は省略し、実際に人を驚かせるためのみの、**実践的なコード**を動かしていただけたことと思います。

では皆様も何か開発してみてください、ごきげんよう！ と筆を置くのが普通の本の終わり方でしょう。しかし、それではなかなかご自身で何かを開発していただくのは難しいと思われます。

理論的な説明がなかったから自分で作るのは難しい？　本書の内容がまだ初級レベルだったから自分で作るのは難しい？　いやいやそんなことはどうでもいいんです。自分で何かを作るときに、最大にして最初の難関は「**テーマ/アイデア**」なのです！

良いテーマ/アイデアさえあればモチベーションが続くため、多少の未勉強の点は自ら調べて乗り越えることができます。何かを「作りきる」ときに発生する様々な面倒くささも楽しんで乗り越えられるでしょう。

逆に、良いテーマ/アイデアがないのに「何でも作れるようになる」ことを目指して技術的・理論的な勉強をするのは大変苦痛です。プログラミングは手段であって目的ではない、とか、えらそーなことを言いたいわけではありません。プログラミング自体が目的であっても構わないですし、もちろん手段であっても構いません。どちらにしてもモチベーションを高めるような良いテーマ/アイデアがあるかどうかが、勉強を継続するやる気を保てるかどうか、または自分の開発をやり遂げる意思が続くかどうか、の最大の鍵になるのです。

そこで、ぜひぜひ皆様にも面白い、奇天烈な、斬新なテーマを開発していただきたく、この最終章では**アイデア出しの方法**について、**とっておきのコツ**をお伝えしたいと思います。

新しい「えんぴつ」を考える思考実験

　「新しいえんぴつを考えてみてください」と言われてどんなアイデアが思いつくでしょうか？　少しの間、考えてみてください。一瞬で10個くらい思いつく人はこの先を読む必要はありません。

　他の人に面白いね、と言われそうなアイデアが出たでしょうか？　「えんぴつは六角形だからサイコロを書いて遊べるようにしよう！」程度のアイデアはありふれており**凡人**と言わざるを得ません。

　また、最初の3分程度は何かアイデアを思いつくこともあるかもしれません。しかし10分も考え続けると、途中から全く発想が出てこない、という状態になりませんか？　アイデアを出

し続けたり練り上げたりする方法がわかっていない人は、最初におよそ3個ほど思いついた時点で思考が停止します。

　面白いアイデアをどんどん出すのにはいくつかコツがあります。もしほとんど良いアイデアを思いつかなかったならば、この先を読むと**今後の人生で大いに役立つ知見が得られるでしょう**、たぶん。

Step1. 良いアイデアとは「思いもよらなかったもの同士が結びつくこと」

　そもそも「良いアイデア」とは何でしょうか？　それが良いアイデアなのかダメなアイデアなのか評価する最初の要素は「**斬新**」かどうか、です。面白い、奇天烈、新規性、など別の言葉で表現しても構いません。

　しかし、斬新なだけでは良いとは言えません。同時に「**現実的**」であることが求められます。受け入れやすい、実現可能な、価値が認められる、などの別の言葉で表現しても構いません。

　アイデアとは、既存の「何か」と「何か」の融合です。「良いアイデア」はまず「斬新」なので、その「何か」が「思いもよらなかったもの同士」であることが第一条件。そして、ちゃんと「現実的」である、つまりしっかりと「結びつくこと」が第二条件。良いアイデアとは「**思いもよらなかったもの同士が結びつくこと**」となるのです。

　これを意識すると、まず**理論上は時間さえあればアイデアを無限に考え続けることができます**。適度に無関係な適当な単語を思い浮かべ、「えんぴつ」と結びつけてみれば、無限に考え続けることができるでしょう。なかなか「斬新」or「現実的」のどちらか片一方の属性から脱却できませんが、そのうち「斬新」かつ「現実的」な発想も出てくるかもしれません。

Step2. まずバカになって人に笑われよう

　無限に考え続けることはできるようになっても、それでは効率が悪すぎますね。どうしたら「良い」アイデアを出しやすくなるのでしょうか？

　人間には表層意識と潜在意識があり、表層意識は10％ほどとも言われています。表層意識はまさに氷山の一角、海面から出ている部分だけです。この表層意識の範囲内でのアイデアは、誰でも思いつきそうな、陳腐な、普通の、ありふれた、ものになります。良いアイデアの第一条件は「思いもよらなかった」なので、表層意識同士ではなく、表層意識と潜在意識の両方を結びつける必要が出てきます。

　普通の人が表層意識のみでアイデアを考えるのに対し、「天才」は潜在意識に潜って考えるため、他の人から見て思いもよらないアイデアになります。バカと天才は紙一重、と言われているのは、バカも潜在意識に潜るのは得意なのですが、戻ってこられない＝現実的にならない、のでバカと言われてしまうのです。普通の人からは、どちらも潜って見えなくなるために似た者同士にしか見えません。

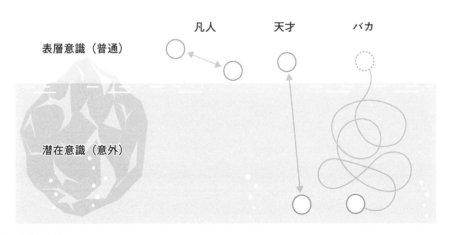

● バカと天才は紙一重

　いきなり「天才」になるのは難しくても、まず意識的に「バカ」になるのは意外と簡単です。全く別のことを考えて、それを現在直面している課題と紐づけるだけです。お風呂でアイデアが出る、などもこれに近い発想法でしょう。

「えんぴつ」と聞いて、「小学校」を思い浮かべて考えている限り「斬新性」は出にくいです。バカではなくカシコイからです。例えば「海」とか「ネコ」とか全く別次元の単語と組み合わせてみましょう。

人に笑われようとすると新しいバカの扉が開きます。「えんぴつの木の部分をカツオブシで作って削りカスをネコにあげられるようにしたらどうか」くらい、笑われる大喜利のような発想から始めてみてください。

ブレストのときに「くだらなくてもいいから何か言って」とよく言われるのは、そんな発言が許されるのならと、「発言のくだらない許容度」を上げることで、より斬新性のある意見が生まれやすくなるためなのです。ブレスト時は率先してウケをとりにいきましょう。

カツオブシえんぴつのアイデアを大真面目で語るくらい吹っ切れれば、何を言っても怖くないですね。**バカになって人に笑われましょう！**

(Step3. 良い子の常識をブチ壊そう)

カツオブシえんぴつ、はまだ「えんぴつの範囲内」です。削りカスを食べることができる、という機能を追加したのみ、と言えるでしょう（迷走）。

さらに斬新性を高めるアイデア出しをするコツがあります。**良い子の常識をブチ壊そう** です。

まず、えんぴつとはどうあるべきなのか、通常えんぴつに期待するような内容、常識、特徴を列挙してみましょう。書ける、17cmくらい、細長い、まっすぐ、硬い、削れる、黒い、持つもの、文房具、子供が使う、学校で使う、折れる、などなど、何でも挙げてください。

その誰もが思うような特徴を1つ以上ブチ壊せば、自動的に「斬新」なえんぴつができるというわけです。簡単ですね。

最も常識的な「書ける」から壊してみましょうか。「書ける」は無視して、主な用途を「投げる」に変えてみましょう。**えんぴつダーツ** の誕生です。投げる用のえんぴつとそのマトを用意して、学校の廊下風の場所でダーツをする。文房具を投げると怒られるという背徳感を無視するための、童心に帰った大人のゲームとしていかがでしょうか。

「良い」かどうかはともかく、「斬新」という条件は満たすと思われます。アイデアはどんどん出していくことが重要です。先ほど挙げた常識的特徴を壊し続ければ、「新しいえんぴつを考えてみてください」と言われてすぐに「斬新」な例をポンポン挙げることができます。ブレストなどで煮詰まったときのコツとしてもオススメです。

Step4. HBのえんぴつをベキッ！っと へし折ることと同じようにできて 当然と思うこと、認識することが重要

斬新なアイデアを考え続け、量産できるようになってきました。しかし「良いアイデア」にするには第二の条件がありましたね。そう「**現実的**」です。

ここまでは一般的なアイデア出しの発想法の話でしたが、本書はプログラミングの本ですので、アイデアを**いかにプログラミングで現実に持ってくるか**、という視点でコツを記載します。

プログラミングは、ある種の超能力のようなものです。人にはできない驚きを実現します。ところで**某エジプトツアーご一行**は、この超能力のことを「スタンド」と呼んでおりまして、その能力を操るコツとして、以下のように言われております。

「空気を吸って吐くことのように！ HBのえんぴつをベキッ！とへし折ることと同じようにッできて当然と思うこと、大切なのは『認識』すること、スタンドを操るということはできて当然と思う精神力なんですぞッ」

プログラミングを作成することとスタンドを操ることは非常に似ておりまして、まずは**認識**すること、**できて当然と思うこと**が重要なのです。画像は認識できて当然、Web上のデータを集めることはできて当然、クラウド上のサービスでコレコレができて当然、などなど、**何ができるのかを認識しておき、それができるイメージを持っておくこと**がコツになります。**実際にそれをすぐに実現できる必要はありません。**実現したくなってから具体的な開発方法を調べれば十分です。

本書の全章を実際に動かして来た読者様であれば、**日本語はヨミガナにできて当然、感情分析はできて当然、各単語の意味はベクトル的に数値で表現できて当然、**などなど、具体的なイメージが湧くのではないでしょうか？ コンピュータは自然言語処理ができると知っている、

というレベルでなく、より具体的に認識し、わずかでも自分で触ってみて、**できて当然**と強く**認識**することが重要です。

この「認識」と、Step3までのアイデアの出し方を組み合わせることで、面白い開発テーマがいろいろ出てきます。

「表層意識」側の、「現実的」な単語として、Python/自然言語処理/Word2Vecなどをイメージしておき、「三国志」「子供の名前」などプログラミングの世界の表層意識ではなかなか思いつかない「潜在意識」側の単語と結びついたら成功です！

わざわざアイデア出しとして時間を確保して考えなくとも、日常的にスタンド能力を全開にしておけば……ではなくて、プログラミングでこういうことができるという認識状態にあれば、何かの拍子に「この課題は自然言語処理で実現できそう！」などと発想が生まれやすくなります。

(Step5. 大量 × 四則演算で練る)

ここまでで、斬新かつ現実的なアイデアを量産できるようになってきました。しかし、本当に良いアイデアは10個のうち1個もありません。もっともっと大量にアイデアを出していく必要があります。

そのためには、既に思いついたアイデアを練っていくことが有効です。思いついた良さそうなアイデアに対して、**四則演算**を思い浮かべてください。

以下の4つの方法でアイデアの見直しをかけましょう。

【四則演算法】
- 「たす」　　それならこれも・・・・・（ブラッシュアップ）
- 「ひく」　　別の視点にして考える・・・（視点の変更）
- 「かける」　これと組み合わせると・・・（要素の追加）
- 「わる」　　それってつまり・・・・・（具体化や抽象化）

例えば、「カツオブシえんぴつ」を「わる」ならば、つまりこれって削りカスのほうを利用す

るというアイデアだから……と削りカスの別の利用方法を考えるとか。「えんぴつダーツ」と「かける」ならば、別の文房具も追加して、じゃあそのマトは「消しゴム」にしてそこに刺さるようにしようとか、様々に発展させていくのです。

　アイデアを練る際には、このような4つの観点から考えていくと、より良いアイデアや、より変わったアイデアを思いつくことができるでしょう。

まとめ

Step1　思いもよらないもの同士の結びつき
Step2　バカになって笑われる
Step3　常識をブチ壊す
Step4　HBのえんぴつをへし折れると認識する
Step5　四則演算

　まとめだけ読んだ人は何のことか全くわかりません。天才的な発想はなかなか理解されにくいものであるということがよくわかります（違）。

　ここで改めておしまいにしたいと思います。本書の内容を一通り動かした次は、皆様が奇天烈なアイデアを出してそれを形にする番です。**では皆様も何か開発してみてください、ごきげんよう！**

青空文庫からのダウンロードと
加工用のスクリプト

青空文庫ダウンロード＆加工の共通コード

　この章は、第3章、第4章、第7章で使っている、青空文庫からデータをダウンロードして、外字変換などの各種加工処理を実行するための共通コードを示す付録章です。

　第3章、第4章、第7章において、以下の文言が出た際に本章のコードを実行してから先に進んでください。

※ここで付録を参照し、記載のコードを実行してください。

青空文庫からのダウンロード＆加工用共通コード

```python
# 青空文庫からのダウンロードzip展開＆テキスト抽出

import re
import zipfile
import urllib.request
import os.path,glob
# 青空文庫のURLから小説テキストデータを得る関数
def get_flat_text_from_aozora(zip_url):
    # zipファイル名の取得
    zip_file_name = re.split(r'/', zip_url)[-1]
    print(zip_file_name)

    # 既にダウンロード済みか確認後、URLからファイルを取得
    if not os.path.exists(zip_file_name):
        print('Download URL = ',zip_url)
        data = urllib.request.urlopen(zip_url).read()
        with open(zip_file_name, mode="wb") as f:
            f.write(data)
    else:
        print('May be already exists')

    # 拡張子を除いた名前で、展開用フォルダを作成
    dir, ext = os.path.splitext(zip_file_name)
    if not os.path.exists(dir):
```

```python
    os.makedirs(dir)

    # zipファイルの中身を全て、展開用フォルダに展開
    unzipped_data = zipfile.ZipFile(zip_file_name, 'r')
    unzipped_data.extractall(dir)
    unzipped_data.close()

    # zipファイルの削除
    os.remove(zip_file_name)
    # 注：展開フォルダの削除は入れていない

    # テキストファイル（.txt）の抽出
    wild_path = os.path.join(dir,'*.txt')
    # テキストファイルは原則1つ同梱。最初の1つを取得
    txt_file_path = glob.glob(wild_path)[0]

    print(txt_file_path)
    # 青空文庫はshift_jisのためデコードしてutf8にする
    binary_data = open(txt_file_path, 'rb').read()
    main_text = binary_data.decode('shift_jis')

    # 取得したutf8のテキストデータを返す
    return main_text


# 青空文庫のデータを加工して扱いやすくするコード

# 外字データ変換のための準備
# 外字変換のための対応表（jisx0213対応表）のダウンロード
# ※事前にダウンロード済みであれば飛ばしてもよい
!wget http://x0213.org/codetable/jisx0213-2004-std.txt

import re

# 外字変換のための対応表（jisx0213対応表）の読み込み
with open('jisx0213-2004-std.txt') as f:
    # ms = (re.match(r'(\d-\w{4})\s+U\+(\w{4})', l) for l in f if l[0] != '#')
    # 追加：jisx0213-2004-std.txtには5桁のUnicodeもあるため対応
    ms = (re.match(r'(\d-\w{4})\s+U\+(\w{4,5})', l) for l in f if l[0] != '#')
    gaiji_table = {m[1]: chr(int(m[2], 16)) for m in ms if m}

# 外字データの置き換えのための関数
def get_gaiji(s):
```

```python
    # ※［＃「弓＋椁のつくり」、第3水準1-84-22］の形式を変換
    m = re.search(r'第(\d)水準\d-(\d{1,2})-(\d{1,2})', s)
    if m:
        key = f'{m[1]}-{int(m[2])+32:2X}{int(m[3])+32:2X}'
        return gaiji_table.get(key, s)
    # ※［＃「身＋單」、U+8EC3、56-1］の形式を変換
    m = re.search(r'U\+(\w{4})', s)
    if m:
        return chr(int(m[1], 16))
    # ※［＃二の字点、1-2-22］、［＃感嘆符二つ、1-8-75］の形式を変換
    m = re.search(r'.*?(\d)-(\d{1,2})-(\d{1,2})', s)
    if m:
        key = f'{int(m[1])+2}-{int(m[2])+32:2X}{int(m[3])+32:2X}'
        return gaiji_table.get(key, s)
    # 不明な形式の場合、元の文字列をそのまま返す
    return s


# 青空文庫の外字データ置き換え＆注釈＆ルビ除去などを行う加工関数
def flatten_aozora(text):
    # textの外字データ表記を漢字に置き換える処理
    text = re.sub(r'※［＃.+?］', lambda m: get_gaiji(m[0]), text)
    # 注釈文や、ルビなどの除去
    text = re.split(r'\-{5,}', text)[2]
    text = re.split(r'底本：', text)[0]
    text = re.sub(r'《.+?》', '', text)
    text = re.sub(r'［＃.+?］', '', text)
    text = text.strip()
    return text



# 複数ファイルのダウンロードや加工を一括実行する関数


import time
# ZIP-URLのリストから全てのデータをダウンロード＆加工する関数
def get_all_flat_text_from_zip_list(zip_list):
    all_flat_text = ""
    for zip_url in zip_list:
        # ダウンロードや解凍の失敗があり得るためTry文を使う
        # 十分なデータ量があるため数件の失敗はスキップでよい
        try:
            # 青空文庫からダウンロードする関数を実行
            aozora_dl_text = get_flat_text_from_aozora(zip_url)
```

```
    # 青空文庫のテキストを加工する関数を実行
    flat_text = flatten_aozora(aozora_dl_text)
    # 結果を追記して改行
    all_flat_text += flat_text + ("\n")
    print(zip_url+" : 取得＆加工完了")
except:
    # エラー時の詳細ログが出るおまじない
    import traceback
    traceback.print_exc()
    print(zip_url+" : 取得or解凍エラーのためスキップ")

    # 青空文庫サーバに負荷をかけすぎないように1秒待ってから次の小説へ
    time.sleep(1)

    # 全部がつながった大きなテキストデータを返す
return all_flat_text
```

　他の章から本章を参照しにきた読者の方は、上記のコードを実行したら、元の章に戻っていただいて構いません。上記のコードについての解説はこの付録の最後に記載しますが、全章読破のあとにご確認いただければと思います。

　一般に自然言語処理を行う際に、Web上からデータを集めてくる、集めてきたデータを加工する、というところは結構面倒な場合が多いです。本書の例では「青空文庫」を対象としていますが、他にも「Wikipedia」や「Twitter」や「各種ブログ記事」や「RSS」など様々なデータを扱うことがあるでしょう。それぞれのデータ／サイトごとに、データの集め方はバラバラですし、加工方法もその後の用途に応じて千差万別です。

　そのような個々の面倒なコードを理解する必要はありませんし、まず他の人が作ったものをコピペすれば十分です。スクレイピング、正規表現、zip等ファイル処理、文字コード、など様々な要素がありそこそこ複雑ですので、初学者の方はぜひ飛ばしてくださいませ。

本コードの使い方（第3章、第7章の例）

　付録のみを直接ご参照いただいている方のために、本コードの使い方を2通り示しておきます。

まず、1つの小説（1つのURL）に対するデータ取得＆加工処理です。『走れメロス』のURLを例に示します。

走れメロスのデータをダウンロード＆加工

```python
# ダウンロードしたいURLを入力する
ZIP_URL = 'https://www.aozora.gr.jp/cards/000035/files/1567_ruby_4948.zip'

# 青空文庫からダウンロードする関数を実行
aozora_dl_text = get_flat_text_from_aozora(ZIP_URL)

# 途中経過を見たい場合以下のコメントを解除
# 冒頭1000文字を出力
# print(aozora_dl_text[0:1000])

# 青空文庫のテキストを加工する関数を実行
flat_text = flatten_aozora(aozora_dl_text)

# 冒頭1000文字を出力
print(flat_text[0:1000])
```

出力結果

```
1567_ruby_4948.zip
Download URL = https://www.aozora.gr.jp/cards/000035/files/1567_ruby_4948.zip
1567_ruby_4948/hashire_merosu.txt
メロスは激怒した。必ず、かの邪智暴虐の王を除かなければならぬと決意した。

(以下略)
```

次に、複数の小説（URLのリスト）を対象として、ダウンロード＆加工を一気にやってしまう例です。『三国志』の全巻データを一気に取得してきます。

三国志全巻のデータを一気にダウンロード＆加工

```python
import time
```

```
sangokusi_zip_list = [
"https://www.aozora.gr.jp/cards/001562/files/52410_ruby_51060.zip",
"https://www.aozora.gr.jp/cards/001562/files/52411_ruby_50077.zip",
"https://www.aozora.gr.jp/cards/001562/files/52412_ruby_50316.zip",
"https://www.aozora.gr.jp/cards/001562/files/52413_ruby_50406.zip",
"https://www.aozora.gr.jp/cards/001562/files/52414_ruby_50488.zip",
"https://www.aozora.gr.jp/cards/001562/files/52415_ruby_50559.zip",
"https://www.aozora.gr.jp/cards/001562/files/52416_ruby_50636.zip",
"https://www.aozora.gr.jp/cards/001562/files/52417_ruby_50818.zip",
"https://www.aozora.gr.jp/cards/001562/files/52418_ruby_50895.zip",
"https://www.aozora.gr.jp/cards/001562/files/52419_ruby_51044.zip",
"https://www.aozora.gr.jp/cards/001562/files/52420_ruby_51054.zip",
]

# 三国志の全データを取得する
sangokusi_org_text = get_all_flat_text_from_zip_list(sangokusi_zip_list)

# 冒頭1000文字を出力
print(sangokusi_org_text [0:1000])
```

付録　青空文庫からのダウンロードと加工用のスクリプト

出力結果

```
52410_ruby_51060.zip
Download URL =  https://www.aozora.gr.jp/cards/001562/files/52410_ruby_51060.zip
52410_ruby_51060/02toenno_maki.txt
https://www.aozora.gr.jp/cards/001562/files/52410_ruby_51060.zip : 取得＆加工完了
```

（中略）

黄巾賊

一

　　　後漢の建寧元年のころ。
　　　今から約千七百八十年ほど前のことである。
　　　一人の旅人があった。

（以下略）

このように、青空文庫内のzipファイルのURLまたはURLのリストを指定すると、全部の
データをダウンロードし、冒頭の注釈、入力者注、ルビ、外字表現などの各種加工処理を一括
して実行してくれるというわけです。指定するURLを入れ替えて、ぜひぜひ様々な題材での開
発にも挑戦してみてください！

付録のコードの詳細解説

付録のコード詳細は理解する必要はありません。世の中には知らなくてよいことがいっぱい
あります……ではなくて、車を運転するときにエンジンの動きまで理解する必要はなく、デー
タの収集や加工は、自然言語処理の本質的なコードではないからです。

一方で、自然言語処理を行う際、特に本書のように実際に何かのテーマを作ろうというとき
は、データの収集や加工が最初の難関、かなりの手間になる場合が多いです。

そこで、付録としてより発展的な読者のために、本コードの詳細解説を以下に記載します。

本コードは大きく分けて3つの部分から構成されています。

❶ 青空文庫からのダウンロード＆zip展開＆テキスト抽出
❷ 青空文庫のデータを加工して扱いやすくするコード
❸ 複数ファイルのダウンロードや加工を一括実行する関数

このパーツごとに確認していきましょう。

❶青空文庫からのダウンロード＆ zip展開＆テキスト抽出

青空文庫のデータは、zip形式でダウンロードできます。それを解凍すると、中にtxt形式の
ファイルがあり、小説が書かれています。一度Pythonから離れて、Chromeなどのブラウザで
ダウンロードし、お手元で解凍確認してみるとよいでしょう。以降、『三国志』の「桃園の

巻」を例に解説を進めますので、以下のURLのダウンロードをお試しください。

https://www.aozora.gr.jp/cards/001562/files/52410_ruby_51060.zip

　ファイルのダウンロード、解凍、テキストファイルを開く、という動作を手動で行っているわけで、**これをPythonで自動的にやらせよう！**の部分が「❶青空文庫からのダウンロード＆zip展開＆テキスト抽出」のコードです。

　『走れメロス』をダウンロードするだけならば、手動で行ったほうが早くて楽です。『退屈なことはPythonにやらせよう』という名著があるようですが、だいたい数回程度やるくらいならば、Pythonにやらせないほうが早いでしょう。コードを書くほうがおよそ手間ですし、例外的なデータや処理への対応が難しくなります。「面白いことをPythonでやってみよう」のほうがスローガンとしては素敵ですね。とはいえ、大量に繰り返し処理をしたい場合にPythonで処理を自動化することは大きな意味があります。ダウンロード、解凍、テキストファイルを開く、という処理を順番にPythonで作っていけば、この作業を自動化することができます！　「桃園の巻」を入手するまでの手動作業を順番にPythonで実行していきましょう。

zipファイル名の取得

　まず、ダウンロード後に保存するためのファイル名を決めます。元のzipファイルと同じ名前がよいでしょう。URLの最後の部分がそれですね。「URLの最後の部分」とは、最後の「/」より後ろの箇所です。`re.split`を使うと、指定した文字で文字列を区切ることができます。区切った最後の要素（`[-1]`番目の要素）が求めるファイル名です。

zipファイル名の取得

```python
import re
zip_url = "https://www.aozora.gr.jp/cards/001562/files/52410_ruby_51060.zip"
zip_file_name = re.split(r'/', zip_url)[-1]
print(zip_file_name)
```

出力結果

```
52410_ruby_51060.zip
```

URLからファイルを取得

　実際に青空文庫のサイトからファイルをダウンロードしてきます。**urllib.request. urlopen**で指定したURLからデータを取得し、**with open(zip_file_name, mode= "wb")**で、先ほど調べたzip_file_nameのファイル名を開いて、**.write**で保存します。

URLからファイルを取得

```python
import urllib.request
zip_url = "https://www.aozora.gr.jp/cards/001562/files/52410_ruby_51060.zip"
zip_file_name = "52410_ruby_51060.zip"
data = urllib.request.urlopen(zip_url).read()
with open(zip_file_name, mode="wb") as f:
  f.write(data)
```

出力結果

なし

　出力結果がありませんが、実際にダウンロードされていることを確認するためには、Colaboratory上の左側のサイドバーにある「フォルダ」のアイコンをクリックしてみてください。このように**52410_ruby_51060.zip**ファイルが一時作業領域に保存されていることが確認できます（出ていない場合、「更新」のアイコンをクリックしてみてください）。

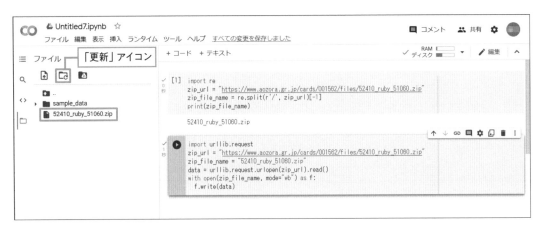

● 一時作業領域に保存されているファイルの確認

また、もしColaboratory以外の環境をご利用の場合は、以下のコードでファイルが保存されているパスや、そこにあるファイル／フォルダの一覧を見ることができます。もちろんColaboratoryでこちらの確認方法を使っても構いません。

Colaboratory以外の環境でも、ファイルの有無を見るコード

```python
import os
import glob
cwd_path = os.getcwd()
print(cwd_path)
cwd_file_dir_list = glob.glob(cwd_path + os.sep + "*")
print(cwd_file_dir_list)
```

出力結果

（Colaboratoryの場合）

```
/content
['/content/52410_ruby_51060.zip', (中略) '/content/sample_data']
```

現在のカレントディレクトリのパスと、その直下のファイルやフォルダの一覧が出力され、その中に`52410_ruby_51060.zip`があることが確認できますね。

拡張子を除いた名前で、展開用フォルダを作成

zipファイルを展開するためのフォルダを作ります。フォルダ名は元のファイル名と同じ「52410_ruby_51060」がよいでしょう。

`os.path.splitext`は、「拡張子以外」と「拡張子」に分割を行います。このように戻り値が2つ（タプル形式で）返却されるような関数を扱う場合、左辺を`dir, ext =`のように指定することで、まとめて値を受け取ることができます。`dir`が「.zip」以外の部分の名前なので、その名前でフォルダを作成します。

```python
import os.path
zip_file_name = "52410_ruby_51060.zip"
dir, ext = os.path.splitext(zip_file_name)
print(dir)
print(ext)

if not os.path.exists(dir):
  os.makedirs(dir)
```

出力結果

```
52410_ruby_51060
.zip
```

フォルダが正しく生成されているかどうかは、先ほどと同じ確認方法で確認してみてください。

zipファイルの中身を全て、展開用フォルダに展開

ダウンロードしてきたzipファイル（のパス）と、作成したフォルダ（のパス）を指定して、zipの展開を行います。

zipファイルの中身を全て、展開用フォルダに展開

```python
import zipfile
zip_file_name = "52410_ruby_51060.zip"
dir = "52410_ruby_51060"
# zipファイルの中身を全て、展開用フォルダに展開
unzipped_data = zipfile.ZipFile(zip_file_name, 'r')
unzipped_data.extractall(dir)
unzipped_data.close()
```

出力結果

```
なし
```

出力結果はありません。ここまでと同様の方法でテキストファイルが作成されていることをご確認ください。

● 展開されたファイルの確認

テキストファイル(.txt) の抽出

　今回解凍してできたファイルは、**02toenno_maki.txt**だけですが、青空文庫ではこれ以外に挿絵の画像ファイルなどが同梱されている場合があります。テキストファイルだけを選んで抽出しましょう。**52410_ruby_51060**フォルダの下の、任意のほにゃららという名前の、**.txt**を探してきたいので、「ほにゃらら」の部分を*で置き換えた、**52410_ruby_51060/*.txt**という文字列を作ります。*は「ワイルドカード」と呼ばれるものです。このような文字列を**glob.glob**に指定すると、その条件に合うファイルやフォルダを得ることができます。リスト形式で返ってくるため、最初の1個目（**[0]**番目の要素）を取得します。

```python
import os.path,glob
dir = "52410_ruby_51060"
# テキストファイル (.txt) の抽出
wild_path = os.path.join(dir,'*.txt')
print(wild_path)
# テキストファイルは原則1つ同梱。最初の1つを取得
txt_file_path = glob.glob(wild_path)[0]
print(txt_file_path)
```

```
52410_ruby_51060/*.txt
52410_ruby_51060/02toenno_maki.txt
```

デコードして utf8 にしたテキストを取得

　最後に、このようにして得られたテキストファイルを開きます。おっと、青空文庫は shift_jis という文字コードで書かれているため、Python の世界で使われている utf8 という文字コードに変換しましょう。ファイルを読み込んで、**.decode** で変換します。最初の 270 文字を表示して、結果を確認してみます。

```python
txt_file_path = "52410_ruby_51060/02toenno_maki.txt"
# 青空文庫はshift_jisのためデコードしてutf8にする
binary_data = open(txt_file_path, 'rb').read()
main_text = binary_data.decode('shift_jis')
print(main_text[0:270])
```

出力結果

```
三国志
桃園の巻
吉川英治


-------------------------------------------------------
【テキスト中に現れる記号について】

《》：ルビ
（例）黄巾賊《こうきんぞく》

｜：ルビの付く文字列の始まりを特定する記号
（例）中央｜亜細亜《アジア》

［＃］：入力者注　主に外字の説明や、傍点の位置の指定
　　　（数字は、JIS X 0213の面区点番号またはUnicode、底本のページと行数）
（例）※［＃「さんずい＋（冢－冖）」、第3水準1-86-80］
```

このように無事、小説データを取得することができました！　ここまでが「❶青空文庫からのダウンロード＆ZIP展開＆テキスト抽出」の内容です。付録の冒頭のコードはここまでの流れを一括で実行できるように、処理を続けて書いただけですので照らし合わせてご確認ください。

　ダウンロードからファイルやディレクトリの操作まで、よく使われる一連の処理を全てPythonで自動化できました。条件に応じて改変することで、青空文庫以外のデータ取得についても応用がしやすいと思います。

❷青空文庫のデータを加工して扱いやすくするコード

　おやおや？　先ほどダウンロードしたテキストをよく見ると、冒頭に様々な注釈の説明が書いてありますね。本文中にも多数の注釈が出てくるため、このままではデータとして使いにくい状態です。

　青空文庫のテキストデータは、実は結構使いにくいデータなのです。具体的には以下のような情報がくっついています。

A. 冒頭の注釈などの情報
　　例：　【テキスト中に現れる記号について】〜以下略〜
　　⇒冒頭数行を消す必要がある。

B. 入力者注
　　例：　［＃７字下げ］二［＃「二」は中見出し］
　　⇒インデント関連の情報などで、消す必要がある。

C. ルビつきの文字
　　例：　邪智暴虐《じゃちぼうぎゃく》
　　⇒ルビを消す必要がある。

D. 外字
　　例：　※［＃「さんずい＋（冢−冖）」、第3水準1-86-80］県の者です
　　⇒「瀦」県の者です、のように漢字に変換する必要がある。

『走れメロス』であれば「D. 外字」はないため、タグを除去する程度で使えます。他の自然言語処理の入門書やWeb上の入門記事では、タグ除去のみを行っている場合が大多数と見受けられます（または、外字の変換は少々大変なので、おそらく執筆者がよい方法を知らないのでしょう）。

しかし、これはメロスが短編でありたまたま外字がないだけであって、他の多数の小説では外字がよく使われています。とりわけ『三国志』などの特殊な人名地名が出る小説においては外字が多用されています。

本稿では、「A〜C」の単純除去の方法と、「D.外字」の変換方法をそれぞれ見ていきましょう。

「A〜C」の単純除去の方法

《ほにゃらら》を消したいし、《あぶらかたぶら》も消したいわけです。最初と最後が「《」「》」なのはわかるんだけど、間に何文字入るかわからないんだよな……というような状態を表現するよい方法があります。「正規表現」といいます。このようなケースの場合、《.+?》と表します。「正規表現」についての詳しい説明は大変長くなるためここでは割愛します。

さて、「元の文字列」に対して「正規表現」にマッチした文字列を、「置き換え用文字列」に置き換える処理は、以下のように `re.sub` で実現できます。

置換後の文字列 ＝ re.sub(正規表現 , 置き換え用文字列 , 元の文字列)

Pythonでは「正規表現」を普通の文字列と区別して、r'《.+?》'のように頭にrをつけて表現することと、今回は削除なので「置き換え用文字列」は空文字列であることに注意して、以下の例を実行してみましょう。

正規表現によるタグ削除の例

```
import re
text = "全ての人類《くりーちゃー》を破壊《はかい》する。[＃５字下げ] それらは再生《さいせい》
できない。"
text = re.sub(r'《.+?》', '', text)
text = re.sub(r' [#.+?] ', '', text)
```

```
print(text)
```

全ての人類を破壊する。それらは再生できない。

　他の注釈の除去方法については青空文庫固有の話になりすぎるため、ここでの説明は割愛します。付録のコードでは、このような正規表現を駆使して、青空文庫のフォーマットに合わせた除去コードを作成して注釈の除去を行っていることをご確認ください。

　自然言語処理において、このような「タグの削除」は頻出する前処理です。個々の正規表現の書き方は覚える必要はないと思います。加工したいデータフォーマットに合わせて、どのような正規表現を書けばよいか、都度調べながら作ればよいでしょう。

「D.外字」の変換方法

　「D.外字」の変換方法はさらに高度なものになります。「正規表現」で見つけた文字列を消すだけではなく、「変換」する必要があります。「変換」に際しては、任意の変換関数を適用できます。まず、試しに第2章で出てきた「ひらがなをカタカナに直す関数」を使って、ルビのひらがなを全てカタカナに変える処理を実装してみましょう。

```
import re

# ひらがなをカタカナに直す関数
def hira_to_kata(input_str):
  return "".join([chr(ord(ch) + 96) if ("ぁ" <= ch <= "ん") else ch for ch
in input_str])

text = "全ての人類《くりーちゃー》を破壊《はかい》する。それらは再生《さいせい》できない。"
text = re.sub(r'《.+?》', lambda m: hira_to_kata(m[0]), text)
print(text)
```

全ての人類《クリーチャー》を破壊《ハカイ》する。それらは再生《サイセイ》できない。

任意の変換を行っている部分は、`lambda m: hira_to_kata(m[0])` のところです。「削除」の場合はここが空白文字列でした。「変換」の場合このように `lambda` 式を使うとよいでしょう。正規表現にマッチした結果を `m` として、その `m[0]` にマッチした文字列が入っています。マッチした文字列に対して変換用に準備した関数を適用する、という処理になります。

冒頭の青空文庫の変換処理における下記の部分が、「正規表現」＋「変換」を実施している部分です。

```
text = re.sub(r'※［#.+?］', lambda m: get_gaiji(m[0]), text)
```

では、どのような「変換」をすればよいのでしょうか？　「変換」の処理はひらがな⇒カタカナよりもかなり複雑なものになります。

例に示したように、※［#「さんずい＋（家ー宀）」、第3水準1-86-80］を「漆」に変換しなければなりませんので、まずこのようなコードと漢字の対応情報が必要になります。その対応表をダウンロードしている部分が以下の処理です。

外字変換のための対応表（jisx0213 対応表）のダウンロード

```
!wget http://x0213.org/codetable/jisx0213-2004-std.txt
```

この部分だけPythonのコードではありません。もしColaboratory以外の環境で動かしている場合には代わりに、`jisx0213-2004-std.txt` を手動でダウンロードし、`cwd_path = os.getcwd()` で示される場所に配置してからコードを実行してください。

あとは、この対応表を読み込み、さきほどの「変換」と同様の方法で正規表現で検索をかけてマッチした箇所のコード変換を行っているのですが、青空文庫の表記形式の揺れなども含めてかなり個別複雑なコードになるために、詳細は割愛します。

❸複数ファイルのダウンロードや加工を一括実行する関数

いよいよ最後のステップです。といっても「❶青空文庫からのダウンロード＆zip展開＆テキスト抽出」「❷青空文庫のデータを加工して扱いやすくするコード」の2つの処理をまとめて繰り返し実行するだけです。

コードの最後の部分をご参照ください。ここでのポイントは2点。「エラー処理」と「待ち」です。

多数のデータをダウンロード＆加工する処理においては、ネットワークやファイル操作上のトラブルが想定されるため、**try-except**を使い、何らかのエラー時にそのエラーを無視して、次の**zip_url**に進むように「エラー処理」を入れています。また、次のurlに進む際には、**time.sleep(1)**によって「待ち」を入れ、青空文庫のサーバに過剰な負荷がかからないようにしています。実際はzipの解凍などのファイル操作の時間も含めればもっと負荷は低いのですが、何らかの間違いを防止するためにも、他のサーバに繰り返しアクセスするような処理を作る際には、必ず「待ち」を実装したほうがよいでしょう。

以上で、付録のコードの詳細解説を終わります。

参照文献

- 青空文庫の外字をPythonでUnicodeに置換
https://qiita.com/kichiki/items/bb65f7b57e09789a05ce

索引

索引

youwht（ゆー）

日本一の速読アプリ「瞬間速読」をはじめ、
多数の語学学習ソフトやゲームなど人気ソフトを多数公開。
Qiitaでも多くの記事を発信。
『平成の次の元号を、AIだけで決めさせる物語』
『「赤の他人」の対義語は「白い恋人」これを自動生成したい物語』
『「写経」を自動化し、オートで功徳を積める仕組みを作ってみたのでございます。』
などの一風変わった切り口の技術記事は、一部界隈でムーブメントを巻き起こした。
連絡先：wwwxuexihanyu@gmail.com

装丁・本文デザイン：萩原弦一郎（256）
DTP：シンクス
カバーイラスト・本文挿画：ogatah

コピペで簡単実行！
キテレツおもしろ自然言語処理
バイソン　　　　コラボラトリー
PythonとColaboratoryで身につく基礎の基礎

2021年12月6日 初版第1刷発行
2023年4月5日 初版第2刷発行

著　者　　　youwht
　　　　　　ゆー
発行人　　　佐々木 幹夫
発行所　　　株式会社 翔泳社（https://www.shoeisha.co.jp）
印刷・製本　株式会社 加藤文明社印刷所

ISBN978-4-7981-7026-8
Printed in Japan